REN YU HUANJING ZHISHI CONGSHU

人与环境知识丛书

中国环保先锋

刘芳 主编

"人与环境知识丛书"是一套科普图书，旨在通过
介绍与人类生产、生活以及生命健康密切
相关的环境问题向大众普及环境知识，
提高大众对环保问题的重视

APTIME
时代出版

时代出版传媒股份有限公司
安徽文艺出版社

图书在版编目（ＣＩＰ）数据

中国环保先锋 / 刘芳主编. — 合肥：安徽文艺出版社，2012.3（2024.1重印）
（时代馆书系·人与环境知识丛书）
ISBN 978-7-5396-4022-8

Ⅰ．①中…　Ⅱ．①刘…　Ⅲ．①环境保护－介绍－中国
Ⅳ．①X32

中国版本图书馆CIP数据核字(2011)第 266751 号

中国环保先锋

ZHONGGUO HUANBAO XIANFENG

出 版 人：朱寒冬
责任编辑：沈喜阳　　　　　　　装帧设计：三棵树　文艺

出版发行：安徽文艺出版社　　www.awpub.com
地　　址：合肥市翡翠路 1118 号　　邮政编码：230071
营 销 部：(0551)3533889
印　　制：唐山富达印务有限公司　电话：(022)69381830

开本：700×1000　1/16　印张：10　字数：148 千字
版次：2012 年 3 月第 1 版
印次：2024 年 1 月第 3 次印刷
定价：48.00 元

（如发现印装质量问题，影响阅读，请与出版社联系调换）

前　言

改革开放以来，中国经济如同一台高速运转的机器，释放出前所未有的能量，但同时也透支了环境。1/3 国土遭酸雨侵害；50 多个湖泊由于环境被破坏而干涸；水土流失面积多达 356 万平方千米；90% 的天然草原退化；沙化土地面积达 174 万平方千米；黄河每年平均有 1/3 的时间处于断流状态。这一系列问题向我们敲响了警钟，到底是不顾子孙后代，一味发展经济，还是做到环境与经济协调可持续发展？近年来，党中央明确指出建设社会主义和谐社会，环境和谐是其中重要的一个方面。

可是，一些企业为了个人或小集体利益千方百计地把没有经过环保处理的废水排向江河；一些地方环保部门因为畏惧而不敢抵制地方政府官员错误的发展观，对大肆的污染视而不见；一些百姓尚不知为何要保护环境……中国环境问题的彻底解决，不能仅仅依靠政府的监督，而需要全社会环保意识的提高。面对日益恶劣的生存环境，我国涌现出大批的环保先锋。

本书介绍的就是这么一群人：

他们其中有环保领域的演说家和活动家；有野生动物的讴歌者；有致力于环保技术研究的创新者；有在平凡的岗位上成就卓越的劳动模范；有社会与政府良性互动的推进者；有几十年如一日为环保呼吁的新闻工作者；有为了改变生存环境，自强不息的普通农民；有投身环保事业的教育家；也有承担中国绿色希望的环保少年……

这群人，他们可能没有豪言壮语，却在环保事业中做出杰出贡献；他们可能没有惊人之举，却在人与自然的和谐发展中进行了宝贵探索；他们可能不是社会名人，却在平凡工作中创造出不平凡业绩；他们用一种坚定的信念和对大自然的热爱实现了个人价值；他们为了引起社会和人们对环境保护的重视，呼吁着、奔走着；他们为了保护大自然，不管是在复杂的社会生活中遭受排挤，在经济上面临困难，饱受周围人的冷嘲热讽，还是在精神上忍受寂寞，他们从不退缩，从不放弃；他们最初的冲动，可能是热爱，然后变成责任；他们从弘扬绿色理念，到倡导绿色事业，再到影响公共政策，他们感召了一批又一批人加入中国民间的环保队伍中来；他们所关心的，并非只是单纯的环境保护，而是全人类的未来；他们的环保历程里折射出的"公共精神"，见证了中国环保史和他们已然坚定的人生道路；他们凭着"忧国忧民"的责任心和坚持不懈的精神，激发了社会公众的力量，推动了我国绿色事业的不断向前。他们都是不同地方的不同身份的人，然而，这群人却有着一个共同的特点，都在做着同一件事情，从事着一项不平凡的事业，那就是——热爱自然、保护环境。

下面让我们翻开这本书，一起来认识这一群人吧！

目 录

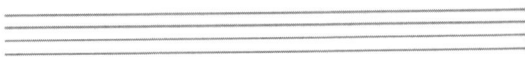

人
与
环
境
知识丛书

中国"环保之父"——曲格平

先锋档案

曲格平，1930 年 6 月生于山东肥城，现任全国人大常务委员会委员、全国人大环境与资源保护委员会主任委员、中华环境保护基金会理事长、中国环境管理干部学院名誉院长。

1972 年，曲格平作为中国政府代表团成员出席了在斯德哥尔摩召开的第一次人类环境会议，从此献身于环境保护事业。由于他在制定、指导和执行具有中国特色的环境管理政策方面的献身精神和卓越成就，1987 年，联合国环境规划署授予他"联合国环境规划署金质奖章"。1992 年 6 月，联合国环境与发展大会（UNCED）在巴西里约热内卢举行，他荣获"联合国环境大奖"，这是目前世界上在环境领域里的最高荣誉。1993 年，获中国首届"绿色科技特别奖"。1995 年，获荷兰王储颁发的"金方舟"大奖。1999 年，获日本国际环境奖"蓝色星球奖"，该奖是目前国际上与"联合

曲格平

国环境大奖"齐名的最高奖项之一。2007 年，获第三届"中国发展百人奖终身成就奖"。著有《中国环境管理》、《论环境保护与经济社会的同步发展》等。

曲格平参与了"预防为主，防治结合"、"谁污染、谁治理"和"强化环境管理"三大环境政策体系的制定。在改革开放初期，他大胆地提出引进国外先进的管理经验，结合国情制定了八项环境管理制度和措施，并在全国普遍实施，从而避免了中国在经济倍增的 80 年代环境状况的进一步恶化。

曲格平从事环保事业 30 多年，是中国环境保护事业的主要开拓者和奠基人之一，也是中国环境保护管理机构的创建者和最初领导人之一。他为我国环境科学理论的建立、环境发展战略目标和方针的制定、环境立法建设、环境大政方针和环境管理体制的建立等都作出了重大贡献，相继获得多项国际环境大奖。他的环保生涯见证了中国环保的发展历程，积极推动了我国环境保护事业的建设和发展，因此，他被称为中国"环保之父"。到目前为止，曲格平分别在北京大学、山东大学、中国环境管理干部学院设立"曲格平奖学金"，以鼓励高校积极开展环境保护等相关研究，鼓励莘莘学子为我国的环保事业努力奋斗。

先锋事迹

提出一个新词——"环境保护"

1972 年，周恩来总理派出了中国政府代表团去参加在瑞典斯德哥尔摩召开的人类环境会议，曲格平也参加了那次会议。回国后，他与代表们把大会列举的环境问题与中国的环境现状进行对照。结果发现在很多方面，中国的环境问题并不亚于资本主义国家，原来认为没有问题的领域，比如海洋、森林、天空……却在一夜之间成了大问题；原来认为只是局部的问题，却在一夜之间成为了全国性的、必须从发展战略和全局上采取措施才能解决的问题。在对会议情况进行总结时，代表们才发现，当时的中国连环境问题的科学定义都搞不清，当时中国所理解的环境问题和世界所谈论的环境问题并不一样——中国认为环境问题只是局部的工业"三废"（废水、废气、废渣）污染，而世界谈论的更多的是经济社会发展与环境、生物圈、水圈、大气圈、森林生态系统等"大问题"。在对环境问题严重程度的认识上，斯德哥尔摩大会也让中国人出了一身冷汗。

这次会议改变了曲格平一生的命运，从此他加入了一个全新而神圣的事业——开创和探索一条有中国特色的环境保护之路，并且在这一条路上一走就是几十年。

20世纪70年代初期的中国，人们只知道"环境卫生"和"环卫工人"，却并不知道还有"环境保护"这一概念。对环境问题进行预防和治理，到底应该怎么称呼，专家们的意见很不一致。最后，曲格平在充分听取专家意见的基础上，建议就照英文直译过来，叫"环境保护"。这是中国人在历史上第一次把"环境"和"保护"这两个看来风马牛不相及的词组合在一起。

1973年8月5日，在周恩来总理的支持下，中国首次以国务院名义召开了全国环境保护工作会议，从此，环境保护在中国被正式列入议事日程，中国的环保事业终于蹒跚起步了。

参与制定"谁污染、谁治理"的政策

1976年，曲格平来到了内罗毕，成为中华人民共和国驻联合国环境规划署的首任代表。在那里，他废寝忘食地查阅发达国家保护环境的资料，思考着中国的环保之路究竟该如何走。

曲格平注意到，工业发达国家基本上都是走"先污染、后治理"的道路，他们的环境保护都是以巨额资金和人民健康为代价的。在人口众多、人均自然资源贫乏和经济基础薄弱的中国，"先污染、后治理"的道路是行不通的，

曲格平认为，中国应该走一条有中国特色的环境保护之路。

1983 年，全国第二次环境保护工作会议召开。在这次大会上，"环境保护"被正式列为我国的一项基本国策，环保工作的重要性被提到了空前的高度，这距"环境保护"这一概念被引入中国只有 10 年时间。在这次会议上，"走有中国特色的环保之路"的思想以会议文件的形式被确定下来了。同时，会议还总结了 10 年来的经验，制订了经济、社会与环境协调发展的指导方针，明确提出了"预防为主，防治结合""谁污染、谁治理"及"强化环境管理"三大政策体系，使"有中国特色的环保之路"这一精辟的思想有了具体的行动指南。

20 世纪 80 年代初期的中国，市场经济还是一个敏感而危险的禁区。在曲格平的亲自领导和参与下制订的"谁污染、谁治理"这一政策，把许多市场经济体制下的思想糅合到中国的环保工作中。在全国推行的八项环保制度中，有一半是从市场经济中借鉴来的。这在当时的政治、社会背景下是一个了不起的壮举。

今天，人们对"有中国特色"这样的思想早已烂熟于心，可是在当时中国的环保事业刚刚兴起不久的情况下，发现这一道路并拟定出可行性方案需要何等的远见和卓识！

发起"中华环保世纪行"活动

曲格平常说，中国的环境保护是从宣传开始的。因此他非常重视宣传，在他任国家环保总局局长的时候，就有这样的想法：通过新闻媒介，用舆论工具向破坏环境、破坏生态、浪费资源的行为宣战，让环保意识深入各级领导和全体人民的心中。1993 年，曲格平调任全国人大环境与资源委员会主任，他开始将这一酝酿已久的想法变为行动，这就是后来在全国各地开展实施的"中华环保世纪行"活动。

"中华环保世纪行"活动是在 1993 年启动的，当年的主题是"向环境污染宣战"，次年的主题是"维护生态平衡"，第三年的主题是"珍惜自然资源"，其后是"保护生命之水""保护资源，永续利用"等等。

"中华环保世纪行"活动一炮打响，抓了很多典型，在社会上引起了很大的反响，受到广大人民群众的称赞，有很多外国使馆人员都对中国如此声势浩大的环保举措表示钦佩。曲格平说："这一活动的开展，不但在国内普及了环保意识，而且在国际上也为中国树立了一个良好的形象，成为中国民主与法制建设取得进步的一种表现。"

创建"中华环境保护基金会"

由于曲格平在参与和领导中国的环境保护事业中作出了卓越贡献，1992年6月，曲格平在巴西里约热内卢召开的联合国环境与发展大会上，获得了"联合国环境大奖"和10万美元奖金。获奖后，他建议，以这笔奖金为基础成立中华环境保护基金会，促进中国环境保护事业的发展。他的这一建议得到了社会各界广泛的赞誉和支持。在党和国家有关领导和部门的支持下，1993年4月，中华环境保护基金会成立了。这是中国第一个专门从事环境保护事业的基金会，是具有独立法人资格、非营利性的社团组织。

曲格平成为第一个捐款者并出任理事长，在他的领导下，中华环境保护基金会本着"取之于民，用之于民，造福人类"的原则广泛筹集资全，并将之用于奖励在环境保护工作中作出突出贡献的单位和个人，资助与环境保护有关的活动和项目。

中华环保基金会成立以后，在曲格平的带领下开展了一系列活动：

1993年，出资表彰和奖励了120名为环境保护事业做出显著成绩的先进工作者。

1994年，组织举办了青年环境论坛并表彰100名优秀环保企业家。

1995年，组织举办了首次在中国召开的（第五届）太平洋环境会议。

1995～1996年，在全国范围内进行"公民环境意识调查"。

1996～1997 年，组织了长江源区环境与生态考察。

1998 年，组织召开了"长江源环境与生态保护国际研讨会""全国防治汽车排气污染研讨会"和"国外垃圾处理新技术报告会"等会议，与全国妇联等单位共同发出了提倡绿色消费人人参与"减卡救树环保行动"的倡议书等活动。

1999～2000 年，举行了"消除白色污染，提倡绿色消费"系列宣传活动，组织召开了我国环保非政府组织与挪威环境大臣弗耶兰格女士和美国国家环保局局长卡罗布兰娜女士的座谈会，举办了"中美水处理技术研讨会"和中英"企业与中国环境"高级研讨班等国际会议。

2001～2002 年，组织了首届中华环境奖的评选和全球 500 佳的推荐工作，组织开展了"绿色版图工程""绿色使者"等环保公益活动，取得了良好的社会效益。

2009 年 3 月 22 日（第十七届"世界水日"），中华环境保护基金会与北京节约用水管理中心主办，TOTO 水环境基金、北京市崇文区节水办承办的主

曲格平在"山西绿色公益行动"活动现场讲话

题为"珍惜水　保护水　让水造福人类"的水环境保护和节水知识宣传活动在新世界商场举行。

2009年6月，中华环境保护基金会和安利（中国）日用品有限公司共同主办了环保嘉年华公益活动，活动在全国首创环保教育主题乐园，以更轻松的方式普及环保知识、提高公民环保意识和打造都市绿色新时尚，活动在社会上产生了积极的反响。

2009年6月5日，中华环保基金会与山西省委宣传部、山西省人大城建环工委、山西省政协经济和人口资源环境委员会、山西省环保厅、山西太原市人大常委会、山西太原市人民政府共同主办的纪念"六五世界环境日"暨"山西绿色公益行动"启动大会在山西太原市南宫广场举行。该活动是中华环境保护基金会"格平绿色行动"在山西的实践。曲格平在会上说，环境保护是科学发展的重要组成部分，是关系到社会、经济能否持续发展的重要工作。

曲格平和山西省人民政府副省长牛仁亮为山西代表处揭牌

先锋言论

"其实我个人的生活很平淡，而整个中国的环保事业却波澜壮阔。应该说，是环保事业给我的人生增添了光彩和乐趣。"

"在我国，月饼的包装恐怕是世界上最豪华的包装了。一个大盒子里套着

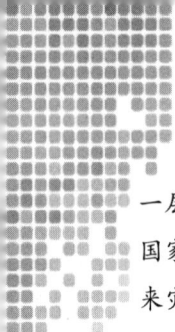

一层又一层，到最后也就是一小块月饼。这种做法是否有必要？在国外有些国家是根本不准许这样做的，因为从可持续发展的角度讲，这只会给人类带来灾害。"

"改革开放使得人们打开思路，敢想一些事，敢做一些事。我们看到了外面的世界，对发达国家曾经走过的'先污染、后治理'的老路格外警醒，学到了他们先进的环境保护理念和做法。"

"自然之友"发起人——梁从诫

先锋档案

梁从诫，1932 年生于北京，民间环保组织"自然之友"创始人，曾任该会会长、北京大学教授、全国政协委员。

1993 年，梁从诫开始关注民间环境保护活动。1994 年，领导创建了中国第一家民间环境保护组织"自然之友"。1995 年，获日本和韩国媒体授予的"亚洲环境奖"。1999 年，获中国环境新闻工作者协会和香港地球之友颁发的"地球奖"以及国家林业局颁发的"大熊猫奖"。2000 年 6 月，被国家环保总局授予"环境使者"称号；同年，被北京市奥申委聘请为环境顾问。2000 年 8 月，获菲律宾"雷蒙·麦格塞塞奖"，此奖以菲律宾前总统命名，是专为在社会活动方面有杰出贡献的人士而设，有的国外报刊誉之为"亚洲诺贝尔奖"。2000 年 12 月，

梁从诫

国家环保总局授予他"环境保护杰出贡献者"称号。2002年,任北京奥组委环境顾问。2003年,获第二届"母亲河奖"。2003年12月,获中央电视台"十大年度法治人物"之一。2005年获"绿色中国年度人物奖"。2006年11月2日,被国际中国环境基金会授予"杰出成就奖"。

先锋事迹

成立"自然之友"

梁从诫关注环境问题缘于一个偶然。20世纪80年代初期,梁从诫在《百科知识》杂志做编审,一篇来稿引起他的注意。作者的视角很特别,透过乡镇企业的发展表达了对中国未来环境问题的忧虑。当时,改革开放的呼声在中国一浪高过一浪,中国的乡镇企业大步崛起,而作者却在这一片热闹中看到了隐患。作者在文章中尖锐地指出,在促进经济发展的同时,规模不大、设备简陋的乡镇企业将成为污染源,成为影响环境、破坏环境的罪魁祸首。那篇文章,梁从诫看了一遍又一遍。就是这篇来稿,第一次引发了梁从诫对中国环境问题的思考,使他意识到中国粗放型的经济发展模式给资源和环境带来了沉重的压力。梁从诫说,那位作者是他的启蒙老师,正是那篇文章唤起了他对自己生存环境的关注。

1993年,中国历史上第一次自发的民间绿色讨论会在北京八里庄玲珑园召开,当时,中国的环境问题还远不如现在这般得到重视。在玲珑园聚会中,一位会员的演说让大家心灵震动:如果我们12亿同胞都以达到美国人的生活水平为目标,据运筹专家计算,需要的资源将是现在的60倍。这块已经喂养了我们五千年的土地,谁会相信还能挤出60倍的乳汁呢?以最大的人口吞吃最少的资源,中国的前途将面对双倍的危险。这些话深深地刺痛了大家。梁从诫和他的朋友们意识到得为环境保护做些什么。这一天是6月5日——世界环境日。在梁从诫的领导下，这群非专业环保人士决定做一个大胆的举动——成立中国第一个民间环保组织（NGO）。

知识链接

NGO，英文"non-government organization"一词的缩写，是指在特定法律系统下，不被视为政府部门的协会、社团、基金会、慈善信托、非营利公司或其他法人，不以营利为目的的非政府组织。

NGO 在全球范围的兴起始于 20 世纪 80 年代。随着全球人口、贫困和环境问题的日益突出，人们发现仅仅依靠传统的政府和市场两极还无法解决人类的可持续发展问题。作为一种回应，NGO 迅速成长并构成社会新的一极。

NGO 不是政府，不靠权力驱动；也不是经济体，尤其不靠经济利益驱动。NGO 的原动力是志愿精神。

NGO 的经济来源主要是社会及私人的捐赠。比如美国有力量极其强大的各种私人基金会支撑美国的各种 NGO。同时，国家从税收上确立捐赠部分可以抵税的制度，以鼓励捐赠。

1994 年 3 月 31 日，经文化部办公厅同意、民政部社团司注册，"自然之友·中国文化书院绿色文化分院"（以下简称"自然之友"）成立。为了那一刻，梁从诫奔波了足足 9 个月。

"自然之友"在北京八中会场上宣布成立的那天，一位社会学者兴奋地说："我们中国终于有了自己的绿色组织。"梁从诫听后，微笑着纠正道："我们是一个民间组织，要从行动上去影响我们周围的人，协助政府做好环保工作。"

创会之初，梁从诫首先将自己的积蓄拿出来，作为开始的活动经费，并把办公地点设在自己家里。1995 年 9 月，"自然之友"才终于有了自己的办公地点——暂借北京某公司一间房作为临时办公室。

在 1999 年的一次讨论会上，有人提起了树木的乱砍滥伐现象，话题随后

转到了跟人们生活息息相关的一次性筷子的使用上。梁从诫说，连我们自己都在使用一次性筷子，怎么去影响周围的人！于是，从那以后，"自然之友"的人再出去吃饭都会带着自己的筷子。

十几年来，"自然之友"不仅向国家环保部门递交了数不清的环保提案和建议书，使得很多问题得到了及时妥善的解决，而且在梁从诫的带领和组织下开展了以下一些工作：

1. 首次在中国开展了民办的群众环境教育活动，组织面向会员和公众普及环保知识的"绿色讲座"，听众超过 2000 人次；出版了近年来最受欢迎的环保儿童读物之一———《地球家园》。

2. 首次由民间举办中小学教师环境教育交流培训活动，并曾两次组织中小学教师到德国、荷兰就学校环境教育问题进行参观学习。

3. 首次在中国进行了"报纸环境意识调查"。连续 3 年，对全国主要报纸的环境报道进行了系统统计和分析，对它们的环境意识给予了科学评估。

4. 通过全国政协等渠道，向中央有关部门提出了涉及北京环境污染治理、江河源生态保护等重大环境问题的建议。

5. 首次在中国组织志愿者自费到三北地区植树，并多年坚持。

6. 为宣传保护野生鸟类的重要意义，在中国组织了第一个群众业余观鸟小组。

7. 积极参与并通过向中央有关领导直接反映情况的方式，促成了对滇西北德钦县原始森林及其国家一级保护动物滇金丝猴的保护。

8. 在社会上积极宣传保护长江源生态及高原野生动物（特别是藏羚羊）的重要意义和紧迫性；积极支持可可西里地区的反盗猎行动，建议并促成政府主管部门在保护藏羚羊方面采取了重大措施。

9. 为保护生态资源，制止大规模猎杀野生动物的恶潮，1999 年组织北京多家环保团体共同发起"不买、不做、不吃野味"的倡议书。

10. 与国外环保组织和传媒进行大量交流，宣传中国的环境政策和民间的环保活动。

保护滇金丝猴栖息地

保护珍稀动物滇金丝猴是"自然之友"成立不久最鼓舞人心的一次环保事件。1995 年秋，梁从诫听到了一个不好的消息：滇金丝猴的生存栖息地受到了严重威胁！

知识链接

滇金丝猴被人类正式命名和科学记载已经有 100 年的历史了。滇金丝猴又称为黑白仰鼻猴（其背部、头顶、四肢等处的毛色以黑色为主，腹部则以白色为主），是我国特有的世界珍稀动物，它们具有一张最像人的脸，面庞白里透红，长着美丽的红唇，堪称世间最美的动物之一。此外，它们是地球上最大的猴子，体重可约达 30 千克，且生态行为极为特殊，终年生活在冰川雪线附近的高山针叶林带之中，哪怕是在冰天雪地的冬天，也不下到较低海拔地带以逃避极度寒冷和食物短缺等恶劣自然环境因素，因而是灵长类中最有趣的物种之一。在动物系统分类上，隶属于灵长目猴科金丝猴属。该属是现灵长类中极为引人注目的一个类群。

云南德钦县当地政府为解决财政困难，决定砍伐这里 100 多平方公里的原始森林。在白马雪山拍摄滇金丝猴的云南林业厅的职工、环保志愿者奚志农听到此讯非常气愤，他为金丝猴的命运上下奔走，四处呼吁，却毫无结果。情急之下，奚志农把滇金丝猴面临的危急处境，写信告诉了北京《大自然》杂志的主编唐锡阳。唐锡阳一面写信向国家环境委主任宋健反映情况，一面又把危情转告了梁从诫。

梁从诫闻讯后，马上通过"自然之友"新闻界的会员，在报纸上迅速报道传播滇金丝猴生存环境面临威胁的事实。然后，他又直接向中央有关领导写信呼吁，获得了两位中央领导人的明确批示，才制止了云南德钦县对天然

原始森林的砍伐，国家为此给予了当地大笔财政补偿。

1998 年，人们竟发现云南的天然林砍伐行为并没有真正地终止。梁从诫再次请"自然之友"在媒体工作的会员，迅速将这一情况通报中央电视台。电视台记者很快赶到滇西北进行现场采访，并在《焦点访谈》节目中，将此事向社会曝光。强有力的舆论监督力量，迫使当地政府部门迅速采取措施，禁止了对原始天然林的砍伐破坏。滇金丝猴最后的栖息地终于得以保存下来。

呼吁拯救藏羚羊

藏羚羊主要分布在中国青海、西藏、新疆三省区，是生活在海拔 4,500 米以上高寒无人区的我国特有优势物种，由于大量被非法猎杀已变成濒危物种。早在 1979 年藏羚羊就被列入《国际野生濒危动植物贸易公约》（CITES）严禁贸易物种名录，1996 年被国际自然保护联盟列为易危物种，2000 年被列为濒危物种。

知识链接

"沙图什"（shahtoosh）通常是指所有用藏羚羊绒加工的产品，但主要是指一种用藏羚羊绒毛织成的披肩。从 20 世纪 80 年代中期开始，沙图什披肩风靡欧美市场，一条披肩可以卖到 1 万 ~4 万美元。因此"沙图什"就成为欧美等地贵妇、小姐显示身份、追求时尚的标志。一只藏羚羊产绒仅 100 ~150 克，织一条女式披肩，需要 3 只藏羚羊的生命，而织一条男式披肩，则要杀死 5 只。对沙图什的消费直接导致了藏羚羊种群的迅速减少，虽然商人们说织披肩的羊绒是藏羚羊换季时自然脱落的，牧民们一点一点捡来的，但是，动物学家发现，要获得藏羚羊绒，唯一的办法就是猎杀。

对"沙图什"的消费直接导致了藏羚羊种群的迅速减少。1997 ~1998

年，"自然之友"不断收到关于可可西里藏羚羊被猎杀的消息，同时还收到很多藏羚羊被猎杀的照片，那些触目惊心的照片牵动了梁从诫的心。当时位于可可西里边缘的青海省治多县成立了西部工作委员会，下属的林业公安局有一支叫"野牦牛队"的反盗猎组织，常年在反盗猎第一线出生入死。西部工作委员会第一任书记索南达杰就是在与盗猎分子的枪战中牺牲的。后来，由扎巴多杰书记领导着这支队伍。梁从诫决定联合这支反盗猎队伍一起拯救藏羚羊。1998年秋天，"自然之友"邀请野牦牛队队长扎巴多杰到北京介绍可可西里的实际情况和他们的反盗猎斗争。

藏羚羊

1998年10月，英国首相布莱尔访华，梁从诫借机给他写了一封信。信中在列举了藏羚羊被盗猎、走私的情况后说："我们吁请全世界珍爱野生动物、关注环境的人们来共同制止藏羚羊绒及其制品的贸易……英国非常重视保护野生动物，这使她在国际上享有很高声誉。我真诚地希望，在这场根除藏羚羊绒贸易的国际努力中，英国能够站在前列。"布莱尔首相见信之后，约见了梁从诫，梁从诫把藏羚羊被猎杀后的照片给布莱尔看，布莱尔看了照片后非常震惊。当天，他给梁从诫回信："你对非法猎杀藏羚羊的憎恶和你对这一物种前景的忧虑，我深怀同感。我一定会把你的要求转告给联合王国和欧洲联盟的环境主管当局。我希望将有可能终止这种非法贸易。"布莱尔一回国，就

指示英国环保大臣，配合中国禁止藏羚羊绒贸易。除了制止国际市场，反盗猎的前沿阵地还是在中国。

1999 年初，野牦牛队队长扎巴多杰突然去世，反盗猎的形势骤然严峻起来。梁从诫和"自然之友"的人们最担心的是扎书记的去世会导致野牦牛队群龙无首，甚至解散，其结果就是藏羚羊会完全落到盗猎分子手中。他们首先给野牦牛队写去慰问信，鼓励队员们不要放松巡逻，同时还跟国际爱护动物基金会（IFAW）驻京办事处为野牦牛队筹集经费 40 万元帮助野牦牛队摆脱困境。这时候，梁从诫又考虑到，藏羚羊生活在青海、西藏、新疆三省区交界的无人区，公安人员不能越界执法，必须由中央出面协调。于是，1999 年 2 月，他又向国家环保总局和国家林业局提交了《关于保护藏羚羊问题的报告和建议》，建议由中央主管部门对藏羚羊保护工作实行统一领导并建立青海、西藏、新疆三省区联防制度。国家林业局参考了他的建议，同年 4 月 10 日，反盗猎藏羚羊"可可西里一号行动"大规模展开。到 4 月底，抓捕盗猎分子 13 批，缴获藏羚羊皮数百张。

为了向公众宣传反盗猎的战果，野牦牛队决定公开销毁缴获的藏羚羊皮，并邀请"自然之友"和国际爱护动物基金会代表到可可西里点这把火。

1999 年 5 月 24 日，67 岁高龄的梁从诫和几个"自然之友"会员登上可可西里海拔 4,600 米的昆仑山口，在索南达杰自然保护站门前烧毁了从盗猎分子手中缴获的 373 张藏羚羊皮。

手执火把的梁从诫说："我们用这把火向全世界表示，中国人不允许这样的罪恶在我们的土地上横行霸道。"

先锋言论

"或许，当今的人类就像坐在'泰坦尼克号'上，你有一等舱的乐趣，我有二等舱的活法。突然有一天撞上冰山，停也停不下来，拐也拐不了弯，大家只能同归于尽。"

"一个国家在发展经济的同时，只有注重对环境的保护，才能保持发展的可持续性。经济发展与环境保护完全可以协调一致。否则，那种短视行为必将遭到自然的惩罚，结果是得不偿失。"

1999 年，中国环境新闻工作者协会和香港"地球之友"协会共同将"地球奖"颁发给梁从诫先生。梁先生在答谢辞中说："什么时候，像我这样的人多到得不了奖就好了！"

"人还是应该有一种精神，有一点追求。在这样一个时代，我们可以选择另一种生活。"

"大学生绿色营"
发起人——唐锡阳

　　唐锡阳，1930 年生于湖南汨罗。民间环保组织"大学生绿色营"创始人、国家环境使者、著名环保作家、中国改革开放 30 年十大环保贡献人物之一。

　　1952 年，唐锡阳毕业于北京师范大学外语系，后分配到《北京日报》，任编辑、记者。1980 年，调北京自然博物馆创办《大自然》杂志，任主编。此后考察全国各种类型的自然保护区，在报刊上发表了大量有关自然保护的文章，并出版了专著《自然保护区探胜》。该书 1987 年获"全国地理科普读物优秀奖"，被列为向全国青少年的推荐书目；《又有五只朱鹮起飞了》获得"第二届全国优秀科普作品奖"。以后又相继出版了蒙古文本《天鹅之歌》和在中国台湾出版的《珍禽异兽跟踪记》。

唐锡阳

　　1982年，唐锡阳在西双版纳考察亚洲象的时候，结识了美籍文教专家马霞（Marcia B. Marks），共同的理想使他们结合了，并开始了为自然保护事业而奋斗的共同生活。在1989年～1992年，夫妇俩先后考察了苏联、德国、瑞士、法国、英国、美国和加拿大等50多个国家和地区的国家公园和自然保护区。经过这一系列不平常的绿色旅程之后，他们潜心写作3年，共同出版了《环球绿色行》。书中记录了唐锡阳及其妻子马霞长达20年的绿色旅程。唐锡阳说，《环球绿色行》不是写出来的，是走出来的。因此这部书已经卷入中国的绿色浪潮，成为激发群众绿色觉醒、催化群众环保行动的一种精神力量。影响更深更远的，还是他和马霞为拯救滇金丝猴的栖息地而亲自发起和组织的"大学生绿色营"。1996年7月25日，就在"大学生绿色营"出发去云南拯救濒危的滇金丝猴那天，马霞因食道癌去世。以后"大学生绿色营"每年组织一次，每年都会选拔一批关注环保的大学生，每年选择一个有典型意义的地方去考察，再把调查到的问题向政府反映。

　　20多年来，唐锡阳为环保事业疾呼呐喊，发表了数百万字的环保作品。虽然他现在已年过古稀，仍然通过著书、绿色营活动、各地巡回演讲，向公众传播环保理念。唐锡阳被誉为"中国第一代环保活动家"。

先锋事迹

创建 "大学生绿色营"

　　唐锡阳热爱大自然是跟他坎坷的生活经历有关系的。1980年，北京自然博物馆要他去创办《大自然》杂志，他一听就很高兴，心想大自然是另外一个世界，和人的社会完全不一样，就去了《大自然》做主编，这让唐锡阳一下子有了很多和大自然亲密接触的机会。他很喜欢到大自然去，一到大自然就感到非常宽松。他和别人到梵净山去看黔金丝猴，该山海拔1,600多米，

山上有一个窝棚，他在窝棚里住了 6 天，他把手表挂在树上，没人会偷，牙膏牙刷就放在小溪旁边，没人动他的。他从来没有过那种宽松的感觉，非常慰藉，心灵上的创伤也慢慢地被医治了。他觉得大自然有非常美的童话，非常美的音乐，非常好的哲学。跟大自然相处久了以后，感觉到大自然受的委屈，比他自己还要深，还要重，还要深远，他就不为自己感伤，而是一心一意为大自然服务，这样他的心胸开阔了，眼界也高了。所以他觉得，是大自然在帮助他。就这样，唐锡阳在大自然面前前所未有地释放着他的喜怒哀乐，不过此时他依然没有想到，眼前的这片大自然，竟然还可以给他这个已知天命的人一次新的爱情。

1982 年，唐锡阳在西双版纳考察亚洲象，马霞去西双版纳观鸟，他们在宾馆相遇了，因为马霞非常热爱大自然，关注环保，唐锡阳又是搞大自然的，他们俩很自然就走到了一起。马霞给他带来了西方很优秀的文化，他也尽量体现中国传统的好的一面。5 年后，马霞成为唐锡阳的妻子。马霞对唐锡阳的影响不次于大自然对他的影响。他们的结合，可以说是中西方文化的优美结合。他们不仅共同考察了中国许多著名的自然保护区，还共同行走了苏联、德国、瑞士、法国、英国、美国、加拿大等 50 多个国家和地区的国家公园和自然保护区。唐锡阳和马霞结婚的时候有个小插曲。当时因为两个人都没什么积蓄，所以，也没打算大宴宾朋，结果，客人来了以后，唐锡阳一时兴起，就跑到街上去买了几只炸麻雀。没想到，这下子惹恼了马霞，马霞当众严厉地批评他说："老唐，一个环保主义者，怎么能吃炸麻雀呢？"对唐锡阳来讲，马霞似乎不仅仅是个妻子，不仅仅是个女人，他说，马霞似乎是一种哲学，她代表着一个信念，她是一种非凡的力量。也就是这种力量陪伴着唐锡阳走过了全球 50 多个国家公园和自然保护区，他们潜心 3 年写下了那本著名的《环球绿色行》一书，并于 1993 年出版。

1995 年底，在云南省林业厅任职的奚志农一直向唐锡阳反映，云南省德钦县为了解决财政困难，准备砍伐 100 多平方公里原始森林，林中还生活着 200 余只珍贵的滇金丝猴。唐锡阳得知后马上协助当地有关方面，积极向当时主管环境保护的国务委员宋健反映情况。1996 年初，马霞已身患重病，他和妻子商量，组织一些年轻人参与到制止砍伐原始森林和保护滇金丝猴的行动中去。大学生们动员起来了，队伍组织好了，躺在病床上的马霞拉住唐锡阳的手，要他不要顾忌她的病，要亲自带队，率领青年学子们奔赴云南原始森林，并拿出一万元给他，让他作为活动的启动资金。他们还共同为成立的组织起名为"中国大学生绿色营"（以下简称"大学生绿色营"）。

1996 年 7 月 25 日，也就在大学生绿色营出发的当天，马霞去世了。唐锡阳带着马霞的叮嘱和祝福，带领绿色营的成员们怀着悲痛的心情远赴滇西北。他们在云南德钦县展开了一个多月的调查，在宋健和各界人士的支持下，最终保住了白马雪山这片原始森林和滇金丝猴。此举受到美国《新闻周刊》的评价："绿色营和中国一些民间环保团体的环保活动标志着中国民众绿色意识的觉醒，并对政府的决策产生积极的影响。"

1996 年大学生绿色营成员在白马雪山合影

由于第一届大学生绿色营取得了很大成功，不仅保住了原始森林及林中的滇金丝猴，而且使营员们受到了极大锻炼，唐锡阳和绿色营成员找到了大学生参与环保的一种模式。于是，大学生绿色营从 1996 年以后一届一届地延续了下来。大学生绿色营每年组织一次，每年选拔一批关注环保的大学生，每年选择一个环保焦点话题，每年选择一个有典型意义的地方，以实地调查的形式对该问题进行深入考察。活动结束后，绿色营会以考察文集、录像作

品、摄影展览和考察报告会的形式总结和展示考察成果，以唤起人们对自然保护的更多关注。

知识链接

滇西北有四座美丽而著名的雪山，自东南往西北排列，它们依次是海拔5,595米的玉龙雪山、海拔5,396米的哈巴雪山、海拔5,640米的白马雪山和海拔6,740米的梅里雪山。在玉龙雪山和哈巴雪山这两个保护区都遭到严重的破坏之后，滇西北地区生物多样性的保护重担，便落在了白马雪山保护区的肩上。白马雪山自然保护区是1983年建立的，现有面积19万公顷，它的主要保护目标，是国家一级保护动物滇金丝猴、横断山脉高山峡谷的典型山地植被垂直带和金沙江中上游的水土。

大学生绿色营的成员们除了一些热爱大自然、关注环保的在校大学生以外，还有一些来自我国台湾、香港、澳门地区以及美国、芬兰、俄罗斯、日本等地的年轻人。他们在唐锡阳的带领下，对环保的焦点进行深入调查研究，相互切磋，把考察的结果向各级政府汇报。从大学生绿色营走出来的一批致力于中国环保事业的年轻人，现正在绿色和平、国际野生动物保护基金会等民间环保机构任职，大学生绿色营因此被誉为中国"绿色人才的西点军校"。

唐锡阳把大自然当课堂

　　1997 年，唐锡阳组织绿色营的成员奔赴西藏东南部的雅鲁藏布江大拐弯地区，对那里的生物多样性及自然状况进行了考察，并深入调查了当地原始林的生长及保护情况。当地藏民淳朴的民风和虔诚的宗教信仰冲击了每一位营员的心，科学与宗教、现代与传统、发展与环境的关系成为此行营员争论的焦点。当地居民传统生活模式中所蕴含的环保理念给了他们新的启迪。

　　1998 年，唐锡阳组织绿色营的成员奔赴东北三江平原。当时"湿地"对大多数人来说都是陌生的，学习湿地、宣传湿地、保护湿地正是此行的基本任务。营员们踩稀泥、蹚浑水，通过亲身体验和观察，对湿地的了解不再只限于书本，而是有了感性认识，对于"地球之肾"调节气候、促淤造陆、降解污染的功能更是有了深刻了解。绿色营通过考察获得湿地的第一手资料，以此为据提出了湿地保护的理念，推动了全社会对保护湿地生态系统的重视。

　　1999 年，唐锡阳组织大学生绿色营的成员奔赴新疆北部哈纳斯。1999 年是"国际生态旅游年"，大学生绿色营对我国生态旅游地之一——北疆哈纳斯国家级自然保护区的开发现状进行了为期一个月的考察。营员们关注新疆北部哈纳斯国家级自然保护区的生态旅游现状，积极与当地政府接触，并寻求生态旅游的真正含义以及自然保护与生态旅游的最佳结合点，此举引起社会对现存生态旅游状况的深刻反思。

1999 年唐锡阳在新疆哈纳斯
开营仪式上讲话

知识链接

　　湿地（wetland）是位于陆生生态系统和水生生态系统之间的过渡性地带，在土壤浸泡在水中的特定环境下，生长着很多具有湿地特征的植物。湿地广泛分布于世界各地，拥有众多野生动植物资源，是重要的生态系统。很多珍稀水禽的繁殖和迁徙离不开湿地，因此湿地被称为"鸟类的乐园"。湿地有强大的生态净化作用，因而又有"地球之肾"的美名。

　　湿地的类型多种多样，通常分为自然和人工两大类。自然湿地包括沼泽地、泥炭地、湖泊、河流、海滩和盐沼等，人工湿地主要有水稻田、水库、池塘等。据资料统计，全世界共有自然湿地855.8万平方公里，占陆地面积的6.4%。它可作为直接利用的水源或补充地下水，又能有效控制洪水和防止土壤沙化，还能滞留沉积物、有毒物、营养物质，从而改善环境污染；它能以有机质的形式储存碳元素，减少温室效应，保护海岸不受风浪侵蚀，提供清洁方便的运输方式；它具有强大的物质生产功能，蕴藏着丰富的动植物资源，湿地内丰富的植物群落，能够吸收大量的二氧化碳，并放出氧气，湿地中的一些植物还具有吸收空气中有害气体的功能，能有效调节大气组成成分；湿地在蓄水、调节河川径流、补给地下水和维持区域水平衡中发挥着重要作用，是蓄水防洪的天然"海绵"，在时空上可将分配不均的降水，通过湿地的吞吐调节，避免水旱灾害。湿地是地球上有着多功能的、富有生物多样性的生态系统，是人类最重要的生存环境之一。

　　2000年，唐锡阳组织大学生绿色营的成员奔赴新疆南部塔克拉玛干大沙漠。在人类进入千年之际，沙漠化已成为当今世界各国关注的焦点。大学生绿色营以关注西部生态为主题，以胡杨林为中心考察了新疆南部沙漠化现状和当地自然保护区管理情况，发现了隐藏起来的管理不力、执法不严、体制不顺这些导致环境破坏的根源。

2001年，大学生绿色营的成员奔赴云南思茅地区，协助IFAW（国际爱护动物基金会）做一些环境教育工作，关注亚洲象保护与社区发展。这一次活动唐锡阳没有带队，完全由大学生们自己管理自己，所以有人说这次思茅之行是大学生绿色营转型的标志，为大学生绿色营的可持续发展奠定了基础。

此后，唐锡阳由于年龄越来越大，已经不能长期在外奔波了，他便组织绿色营的成员们做些活动，由学生们自己管理自己，而他会每次都提出可行性的意见。2002年，绿色营的成员奔赴辽宁沿海滩，对水污染和黑嘴鸥的繁殖地进行了考察，加强公众对湿地和鸟类保护的重视；2003年，奔赴四川若尔盖地区，对湿地荒漠化、草地退化现状和长江黄河上游重要地区的水资源破坏现状进行了考察，同时，了解藏族文化，与当地居民共同探索经济发展与环境保护的结合点及生态旅游的发展前景；2004年，奔赴海南，在海南的保护区内部，了解并调查了红树林、珊瑚礁、热带雨林的生存现状，探索了海洋生态未来的可持续发展与保护；2005年，奔赴甘肃，把最具有对照性的两个地点——白水江和民勤，作为暑期考察的目的地，真正走进这一片久被遗忘的西北大陆，找寻自然原始而质朴的震撼；2006年，重返云南，这一年恰逢绿色营成立十周年，营员们重返第一届绿色营去过的白马雪山，重走第一届绿色营走过的路，探访白马雪山自然保护区十年来的变迁。

唐锡阳为了大学生绿色营的发展，先后拿出数万元投入活动中。大学生绿色营也逐渐得到"自然之友"、香港长春社、国际爱护动物基金会、世界自然基金会等国际环保组织的关注及支持。2002年，唐锡阳代表大学生绿色营获得了"福特汽车环保奖"，奖金是15万元。唐锡阳欣喜不已地说："这笔钱够大学生绿色营开展3年活动了。"

唐锡阳把自己20多年路途行进中的思索，凝结成16个字——"物我同舟，天人共泰，尊重历史，还我自然"。他把这16个字称作自己的自然观。他利用一切机会，向年轻人，向周围可以宣传的所有人，认真讲解这16个字的深刻含义。从这16个字出发，唐锡阳整理出自己绿色文化的基本理念，他用最简单的语言总结："用大自然的观点，用生态的观点去看问题。"

全国巡讲

　　2005 年，唐锡阳 75 岁，在这一年里他做了一件常人看来几乎不可能完成的事。2005 年 3 月 11 日到 12 月 7 日，唐锡阳用 8 个月的时间，做了一次全国巡回演讲，在广州、长沙、香港、南宁、重庆、西安、兰州等 17 个城市演讲了 130 场。唐锡阳的演讲安排得非常集中，有时一天一讲，实在安排不开只得一天两讲。演讲时，他一直坚持站着讲课，一站就是 2 个多小时，而且精神饱满，激情四溢。

　　除掉寒假、"五一"、暑假、"十一"以及避开学生考试的时间，他的活动非常集中，有时候是下了飞机就讲，或者讲完了就上火车。而且他没有组织机构，没有秘书，事情非常繁杂，要通盘联系衔接，要应酬各种社会活动，要接触不同情况的人，要接受报刊和电视记者的采访，要安排自己的衣食住行，要应付各种意想不到的问题，而他那个必须午睡和容易失眠的毛病，实在难以对付这种变换不断的日日夜夜，有时候就得靠吃安眠药硬挺。这对一个 75 岁的老人来说，确实是超负荷了。但他喜欢这种生活方式，他说："这样可以超越自我，挑战人生，每个讲座都是一种收获、一种欣慰、一种鼓励、一种鞭策，更何况此行之中，总有意想不到的情况与收获。"

　　每次讲座，学生都会提出很多问题。有时候时间太短，唐锡阳答不了几个问题，或者听不清楚，就请大家写纸条。他手上积累了上千张纸条，他认为有些问题具有现实的普遍意义和典型意义，是一笔精神资源。他说等有时间，他决定整理并认真回答这些问题，并把它们编成一本书。书名可以暂定为《回答大学生一百个环保问题》。

　　唐锡阳每次讲课都站着讲，他说，只有这样才能面对面和听众保持零距离，才能身心投入，全神贯注。一个白发苍苍的老人往台上一站，声情并茂地一讲就是 2 个多小时，这本身就是一种思想动员。何况他讲的主要不是知识、资料、数据，而是环保的理念、绿色的感悟、人生的阅历、奉献的精神，更有 20 多年来的沉思成果。

他讲课很少用字幕与幻灯片，喜欢行云流水，酣畅淋漓，一泻千里。他很爱学生，但也提醒学生："你们中间要注意两种情况：一是独生子女越来越多，再是受市场冲击越来越大。所以公益心、事业心、独立性、人文精神和道德修养就越来越差。"他从生态的角度痛斥人类文明，他说："文明只是对人类而言；对自然而言，可能就是破坏，就是野蛮！"同时他又热情洋溢地歌颂都江堰、灵渠和坎儿井，认为这些才是体现了社会与自然和谐的生态文明。真话有时刺耳，但能振奋人心。讲座中他还注意有的放矢，即景生情：在水利学院他一定要讲三门峡水库和怒江建坝；在旅游学院他一定要讲黄山的塑料树和张家界的悬崖电梯；在昆明他一定要讲滇池的历史和现状；在成都他一定要讲都江堰和杨柳湖水库；在武汉、重庆他一定要讲长江及护卫长江的森林和湿地；在兰州、西安、郑州他一定要讲黄河文明与黄河变迁。

所以，唐锡阳每次讲座以后的反响都非常强烈。在厦门大学演讲完，有个女同学站起来，含着泪，说不出话，哽咽良久，终于说了一句："唐老师，愿您健康长寿……"在重庆时他讲九场，有人就听了九次，各地听三四次、五六次的人更多。

唐锡阳的另一本书《错错错》于 2004 年 10 月出版。之所以选择这个书名，就是因为唐锡阳回首过去的 20 多年，眼睛所见、内心所感人类对大自然犯下的许多错让他禁不住想写下来，警示世人。他说："这个'错'大到整个人类面对这个星球的'错'，小到个人内心错误的自然观。我想在自己还能够说、还能够写的时候，唤醒更多人的绿色意识。"

2006 年，唐锡阳意识到自己年龄越来越大，要启用年轻人接替自己的位置，便将"大学生绿色营"交给郝冰来主管，但他此后也一直参与讨论绿色营的一些重要活动和指导工作。

唐锡阳现在已年过古稀，但仍然不遗余力地为中国的环保事业做宣传。2009 年 5 月，香港环境保护协会邀请唐锡阳去做演讲；6 月，湖南当地"绿色营"邀请他去做演讲。

先锋言论

"自然被破坏了，很多是还不了的。你把黄河破坏了，你能还一条黄河吗？把长江破坏了，你能还一条长江吗？把原始林砍了，你能还一片原始林吗？大熊猫灭绝了，你能还我一只大熊猫吗？有人说我能克隆成功，即使克隆成功，也不能挽救大熊猫的命运。克隆1,000只大熊猫，仍然是一个基因，一个基因怎么能够挽救一个物种的命运呢？四川大熊猫跟甘肃大熊猫都是不同的基因，只有这种基因的不断交流，才能够使这个物种一直繁衍到现在。现在因为人们发展生产，把大熊猫驱赶到越来越远的地方。我觉得，干什么事都要尊重自然，尊重历史，按照自然、生态的规律看问题，看世界。"（2005年9月30日做客腾讯畅谈环保）

"古代的黄河生态非常好。所以，我们的祖先把文明建立在黄河基础上。但是我们在建立文明的同时，也破坏了黄河流域的生态，因此文明也不得不转移，不光是中国，世界四大古代文明中有三个已经消失了，变成考古文明。我们中华文明，还一直遗留到现在，能不能从中华文明里吸取经验教训，走上一条真正天人合一的生态文明，应该深思。找出一条真正可持续发展的绿色文明，这是我的想法。"

"应该说这二十几年变化还是很大。20年前、10多年前，我在搞环保的时候，还有一种孤独的感觉。现在没有了，如今我到哪儿都能找到我的朋友，我的同路人，这种环保意识在不断提高，但是我担心环保意识的提高，可能还跟不上破坏的速度。我希望大家环保的觉悟能够越来越快，任何一个人，都能提高自己的环保意识，那么才能够解决我们环境的根本问题。"

"江河湖海变了样，许多动植物在灭绝，空气污秽不堪，各种化学疾病在夺走越来越多人的健康与生命。这种搞法，不是生存竞争，不是解决矛盾，而是自掘坟墓。"

"意识到自己还是一个社会资源，应该充分利用，充分燃烧。大家都很关心我的身体，但我想的是，小车不倒只管推，推到哪儿算哪儿。我也不希望活到 100 岁，活得太久了，做不了事，反而浪费社会资源。人说黄昏赶路，我差不多是黑夜赶路了，拼命地往前赶。当然，别的老人可能去打太极拳、爬山或者打牌什么的，他们有他们的养老方式，我的养老方式就是忙，跟繁忙捆在一起，跟年轻人捆在一起，我影响年轻人，年轻人也影响我，这样就觉得人生特别有意义。"

"地球村"里的
"中国苏菲"——廖晓义

先锋档案

廖晓义,民间环保事业倡导者和活动家,民间环保组织"北京地球村"创始人。1993～1995年,美国北卡罗来纳州立大学国际环境政治访问学者。1996～2001年,中央电视台《环保时刻》专栏独立制片人。

自1991年来,廖晓义发表关于"中国工业化和经济代价"等论文40多万字,主编了《公民环保行为规范》《绿色社区手册》等书,拍摄《全球环保之旅》等电视片一百多部,策划和组织了一系列以"绿色生活"为主题的环境论坛和公民环保活动,并建立了面积为180公顷的绿色生活培训基地。2000年,廖晓义获国际环境大奖——"苏菲奖"。2001年,全国人大环资委、国家环保总局等部门授予她"绿色文明大使"称号,同年她还获得澳大利亚最高环境奖——"班克西亚国际环境奖"。2002年,被奥林匹克运动会组织委员会聘为

廖晓义

环境顾问至今。2003 年，被全国绿化委员会授予"绿色向导"称号。2006年，荣获由全国人大、环境与资源委员会、中宣部、文化部、团中央、国家环保总局等七大部委授予的"2006 绿色中国年度人物奖"。2008 年 5 月 15日，她作为奥运火炬手在井冈山传递圣火。2008 年 12 月 14 日，在"改革开放30 年中国环保事业"高峰论坛上荣获"十大环保贡献人物奖"。

影响全国的"26 度空调节能行动"就是廖晓义等人首先发起的。她还提出了绿色生活方式，倡导"绿色生活""绿色社区""绿色传媒""绿色奥运"。廖晓义是我国环保事业的先行者，为我国的环保事业作出了重大的贡献。

先锋事迹

1988 年，廖晓义的朋友送了她一篇论文，名字是《改造与适应是人与自然的两种基本关系》。文章大意是除了改造自然，适应也是人和自然的一种基本关系。廖晓义被朋友的论文感染了，也正是那篇论文让她走上了环保路。

不久，廖晓义和朋友自发创建了"中国的工业化与环境代价"课题组。经调查获得的一组组因环境破坏造成生态灾难的可怕数字，让她悄然发誓：今生今世就做环保一件事。《中国工业化和环境代价》发表后，反响平平，令廖晓义很失望。

1991 年，中央电视台播放了以环保为主题的片子《撼人的回声》。对于当时环保意识还不强的中国人来说，这部纪录片没有引起太大关注。廖晓义偶然间看到这个片子时感触很深：这么大的一个国家，每天这么多的电视节目，却唯独没有环保方面的内容，实在是个缺憾。她想起 CNN 的一个环保节目制作人说过"美国的公民环境意识 70% 都来自电视"。

廖晓义决定用电视媒体来唤醒国人的环保意识。她主动联系媒体写环保题材的电视脚本，并亲自撰写了拯救生态环境的电视片《绿色文明与中国》。于是，她便和几个志同道合的环保者成立了摄制组。电视脚本出来了，却由于无钱拍摄、制作而只好搁浅。

1992 年，廖晓义在失望之中带着女儿去美国看望正在攻读数学博士的丈夫。去美国 3 个月后，她就收到摄制组成员的来信，信上说，如果她再不回去，摄制组就面临散伙。这封信让廖晓义坐立不安，后来她不顾丈夫的挽留，还是带着借款回国了。回国后，她和摄制组的成员用了 1 年零 2 个月的时间完成了时间长度为 60 分钟的《绿色访谈录》。可是片子出来后却没有一家电视台愿意播放。

1993 年 5 月，廖晓义带着破碎的梦再次回到美国与丈夫和女儿团聚，在美国期间，她第一次接触到了各类从事公共服务的民间组织，这些组织几乎有全美国的民间环保精英，以女性居多，负责监督环保执法，影响力很大。这让廖晓义深受启迪，她有了一个新的想法：采访国际杰出的环保女性并制作成片子，拿到即将在北京召开的"联合国第四次世界妇女大会"上播放，号召中国有影响力的女性投入环保工作。那个想法让廖晓义清晰地找到了实现自我价值的途径。

从那以后，廖晓义为了尽快学好口语，找到一份保姆工作，每天主人一下班，她就抓紧时间和人家练口语，晚上回到家也学习到很晚。一年后，廖晓义已经能用英语正常对话了，她辞去了保姆工作，选修美国北卡罗来纳州立大学政治与公共管理系国际政治专业。每天上午上课、泡图书馆，下午到餐馆打工。到星期天，就去参加当地人组织的环保活动，接受美国环保理念，研究环保法规在中国的可操作性。经过努力，廖晓义最终通过了托福考试。北卡罗来纳州州立大学马尔文教授想收她攻读博士学位，廖晓义婉言拒绝了："马尔文教授，谢谢您的好意。美国不缺博士，可中国却缺环保人……"后来，她倾尽打工所攒的两万美元，高薪聘请专业摄像师奔赴纽约、旧金山、华盛顿等地采访 40 多位国际环保女杰，片名叫《地球的女儿》。

1995 年初夏，领到美国绿卡的廖晓义带着刚刚完成前期拍摄的《地球的女儿》回到北京，租了一间 7 平方米的小屋暂时栖身。有一家公司高薪聘请廖晓义，她却拒绝了。朋友善意地劝她："先解决生存，再谈环保吧。"她却说："如果每个人都只想着自己的生存，蓦然回首的那一天，就会发现这个地球上已没有人类。"

1995 年 9 月，"联合国第四次世界妇女大会"在北京举行。这次大会和论坛的参加者超过 4 万，在联合国的历史上规模空前。大会向世界展示了改革开放后中国的风采。廖晓义制作的专题片《地球的女儿》登上了第四届世妇会 NGO 论坛，博得一致好评，成为第四届世界妇女大会民间组织论坛的焦点，福特基金会为此捐助廖晓义 4 万美元。有了钱，廖晓义酝酿着创建民间环保组织，同时也在加紧拍摄环保专题《环保时刻》，并和中央电视台洽谈播放事宜。

1996 年 3 月 7 日，由廖晓义创办的"北京地球村环境文化中心"（以下简称"北京地球村"）正式注册成立。从此廖晓义便到社区、家庭主妇和孩子中间去一点一滴地倡导中国人自己的绿色生活方式，推行绿色社区理念。

1996 年 4 月 22 日，由廖晓义担任制片人和总编导的电视专栏《环保时刻》终于在中央电视台第七套节目定期播出了。首播那天，曲格平与她一起主持。廖晓义以每周一期的这个栏目作为自己的讲台，向数以亿计的观众宣传再循环、再利用的环保观念。《环保时刻》作为由民间环保组织创办的电视专栏，受到全中国观众的喜爱。

开始于 1996 年的垃圾分类试点和随后的绿色社区实践，是廖晓义创办的"地球村"最早倡导的。

一天，北京西城区大乘巷的王庭蕴找到"地球村"，说街道居民看了《环保时刻》都很受启发，愿意将垃圾分类，廖晓义便亲自去大乘巷讲演示范。从那天开始，三个红色的塑料桶矗立在街头巷口，废纸、垃圾、玻璃分类投放。

1997 年 6 月，北京宣武区环卫局局长张鸿声特地赶到"地球村"，希望在宣武区尝试将垃圾分类。廖晓义和同事来到槐柏树街，一一向居民示范垃圾分类的处理方法。为了让老百姓感受到绿色生活的广阔前景，廖晓义又带着他们参观再生资源分选站。在"地球村"的实验田里，经过 24 小时发酵后的生物垃圾种上了绿色无污染的蔬菜，不少群众惊叹不已。

廖晓义（前排左起第 3 人）和"地球村"的成员

　　1998 年夏天，在一位美籍华人的资助下，廖晓义把距离北京市区 100 多公里的延庆县碓臼石村建成为 180 公顷的环境教育基地，40 多户农户选择了绿色生产、生活方式，种田不施化肥，生活垃圾实行分类处理。

　　2000 年，正在第二次申办奥运会的北京市把廖晓义提倡的建设"绿色社区"写进了申奥报告，并作为一项政策颁布实施。

　　2000 年 6 月，廖晓义获得"苏菲奖"。这是中国人第一次得到这个有着"诺贝尔环境奖"之称的国际大奖。评审会对廖晓义的评价是：永远不知疲倦地推动中国公众参与环保运动，并卓有成效地提高了中国公众的环保意识，鼓励他们改变生活方式。

知识链接

　　1997 年挪威作家乔斯坦·贾德写了一本风行世界的小说——《苏菲的世界》。他和妻子用销售这本书的收入创办了一个苏菲基金会。"苏菲奖"由苏菲基金会颁发给一个或多个个人或组织，以奖励他们在关注环保事业中所起的先锋作用。此奖始于 1998 年，每年颁奖一次，奖金 10 万美元，是世界上最大的、奖金最多的环境奖之一，被称为"欧洲的诺贝尔环境奖"。

2001 年，廖晓义在中央电视台科教频道开播了《绿色空间》，栏目在关注生灵、保护环境、持续发展和创造和谐的定位引导下，用敏锐眼光捕捉自然界各种生命之间的相互关系。

2003 年开始，廖晓义又开始着手拍摄反映生态文明、乡村建设的电视专题片《天知道》，提出了令西方震惊的"乐活"理论，包含着独特的中式环保理念。

2005 年，廖晓义组织"北京地球村"的成员在 9 月 22 日国际无车日这天，倡导并号召人们走出私家车，尽量乘坐公共交通工具上班，目的在于通过这一天个人生活方式的改变来引发人们对当前环境问题的一些思考。他们在 8 月底开始联系一些学者和交通部门，在 9 月初完成无车日倡议书，并设计无车日海报和宣传文化衫，9 月中旬联络大量媒体记者把无车日的声音扩大，其中中央电视台、北京电视台各大栏目等都进行了无车日的前期宣传，同时组织了 40 多位志愿者分 4 组在北京主要街道穿着写有"今天，您能不开车吗"标语的文化衫骑行宣传，并通过渠道在一些社区中粘贴海报。

2006 年 1 月 10 日，廖晓义带领"北京地球村"组织的"清汞行动"启动仪式在北京东四隆重举行。奥组委环境活动部官员、汞问题研究专家、行业代表以及社区居民、学生和环保志愿者都参加了此次活动。他们先后在北京各大院校开展宣传活动，同年 9 月份到 12 月份又在西安、武汉各大学校和社区开展宣传活动。

2007 年 7 月 28 日，廖晓义组织"北京地球村"联合"自然之友"、富平学校环境与发展研究所、世界自然基金会、中国环境文化促进会、绿色和平、中国国际民间组织合作促进会、能源基金会等多家环保机构共同发起的"节能 20％公民行动"在北京赛特饭店正式启动。来自全国 16 个省市的 40 多家环保机构代表参加了启动仪式。

2007 年 8 月 13 日，廖晓义组织"北京地球村"开展"节能 20％公民行动"第一次全国环保机构联合行动和"夏季空调 26 度测温行动"。全国九个城市的 NGO 及志愿者参与，对当地的公共建筑温度情况进行测量、监督。

2007 年 9 月 22 日国际无车日，廖晓义组织的"北京地球村"和东四街道办事处主办的名为"无车的日子，走街串巷"活动在东四奥林匹克社区罗家胡同启动，意在倡议更多的人选择以公共交通工具、自行车、步行为主的绿色出行方式。环保志愿者以及不同的人群组成健走队伍，从东四罗家胡同步行至王府井八面槽，鼓励绿色出行的健康方式。当天，受建设部委托，由"北京地球村"承担拍摄和制作任务的《公共交通周宣传片》和《无车日广告片》在相关媒体上播放。

2007年4月22日至28日，廖晓义组织"北京地球村"开展以"节约就是环保，告别浪费习惯"为主题的活动，鼓励人们将塑料袋使用量减少50%，向浪费习惯告别，养成"节约""善用"等环保习惯，为实现可持续发展作出贡献。

2008年1月11日、16日，廖晓义组织"北京地球村"对北京23个公共建筑进行测温；3月23日国际气象日，"节能20%公民行动"小组在全国近十个城市的大型家电商场举行了"识别能效标志，选购节能电器"的大型宣传活动；4月22日地球日，"节能20%公民行动"在北京城乡贸易中心广场前开展节能灯的宣传活动，主题为"节能减排，从灯做起"。

一个人的力量究竟能有多大？在中国改革开放的30年里，廖晓义向无数个中国人回答了这个问题。廖晓义是永远的无车族，更愿意乘坐地铁或公共汽车，只有在赶时间或交通实在不方便时才选择打车；没有外人到访的情况下，办公室也不开空调，尽可能地不坐电梯；除了夏天，一周只洗一次澡；不买也不接受朋友赠予的羊绒制品。

她试图通过自己的行为传达理念给身边的人：少一些物质的欲望，多一些精神的富足，另一种生活是可能的。

先锋言论

"'26度空调节能行动'不仅仅是一种经济上的节约行为，更是一种关心维护生态系统的环保时尚，同时也是一种关心后代的人文关怀，实际上它是一种素质教育。"

"生活在物欲的世界是不体面、不智慧、不健康的行为。真正的减压是从物欲中解放出来，否则就是奴隶般的生活。"

廖晓义说自己此生不安装空调，"这不仅是环保的问题，更重要的是健康。自从人进入恒温环境以后，人的生命功能就在退化，夏天不出汗，毛孔该张的时候也不张，冬天毛孔该收缩的时候不能收缩。夏天汗出得越多我越高兴，因为这样新陈代谢才会越好，预示着我来年更健康"。

"其实，我们做的所有的事情，就是一个目标，就是推动公众参与，也就是通过公民意识和公民参与来推动公民环保。"

保护长江源第一人——杨欣

先锋档案

　　杨欣，1963 年出生于四川成都，民间环保组织"绿色江河"会长。

　　1984 年，杨欣开始长江上游金沙江段的考察、摄影、探险。1986 年，参加中国长江科学考察漂流探险队，任主力漂流队员兼摄影师，全程漂流、考察长江干流 6,300 公里江段。1991 年，组建长江支流雅砻江摄影考察探险队，任队长，全程考察、拍摄雅砻江 1,500 公里江段。1992 年，参加长江上游森林资源考察队，任摄影师。1993 年，参加长江源摄影考察队，任摄影师。1994 年，组建"神奇长江源"电视摄制探险队，任队长。1996 年，组建"保护长江源，爱我大自然"活动考察队，任队长。1997 年，通过义卖自己所著《长江魂》一书筹款，建立起索南达杰自然保护站，这是长江源头也是中国民间第一个自然保护站。1998 年，组织工程技术人员志愿者和大学生志愿者，进行索南达杰自然保护站二期工程建设。1999 年，策划并倡导建立"长江源"环保纪念碑，得到国家环保总局的支持与响应，此碑已于当年 6 月 5 日立于长江源头。同年考察长江正源沱沱河

杨　欣

及南源当曲生态环境现状和教育状况；组织志愿者进行索南达杰自然保护站三期工程建设。2000 年，获得"地球奖"。2001 年，获得"福特汽车环保一等奖"。2002 年，获得团中央等颁发的"母亲河奖"。2004 年，获得"福特汽车环保三等奖"。2005 年，获得"可持续发展在中国案例大赛"优秀奖。2005 年，获得中华环保基金会和野生救助协会联合颁发的"中国首届野生资源保护奖"。2006 年，获"绿色中国年度人物奖"。2007 年，拍摄、撰写、编著《中国长江》自然与人文图册。

在青藏铁路建设和开通期间，杨欣带领志愿者在长江源和可可西里开展了"藏羚羊种群数量和分布调查""青藏线垃圾调查""长江源冰川退缩监测""长江源生态人类学调查""青藏铁路列车环境宣传"等系列项目，并向青藏铁路建设单位和地方政府提交了加强环境保护的一系列建议，几乎全被采纳。

先锋事迹

1986 年，正在四川攀枝花一家电厂当会计的杨欣，听到了长江漂流探险队组建的消息后，便赶到了成都报名。那一年，23 岁的杨欣第一次来到了长江的源头，任主力漂流队员兼摄影师，考察长江干流 6,300 公里江段，他用手中的镜头记录下了母亲河源头的壮美。可是随着他后来几次去长江源头，发现当地的生态环境一年比一年恶化：1986 年，在可可西里的涵天包畔，他看到了迷人的河滩与绿色的草坡。到了 1993 年，镜头下的草坡大部分已被沙丘所掩埋。1994 年，杨欣组建"神奇长江源"电视摄制探险队进入青海，他发现第一次来长江源时，可以很容易地拍摄到几十只甚至是上百只的藏羚羊，而在此后的考察中，杨欣再也没有见到那么多数目的藏羚羊群，最多的一群只有 11 只。后来，他在治多县听到老牧民讲起"野牦牛队"队长索南达杰为保护藏羚羊倒在偷猎者枪下的故事后，索南达杰的壮举深深感动了杨欣。索南达杰的同事告诉杨欣，索南达杰生前的愿望是在可可西里边缘地带建立一个自然保护站，作为反偷猎的前沿基地。听着这位同事的话，杨欣没有吭声，

只是走到索南达杰灵堂前，深深地鞠了三个躬。从那一天起，杨欣开始意识到，自己的镜头除了真实地记录下那些逐渐消逝的美丽外，它并不能挽救可可西里。杨欣决定要完成索南达杰未尽的遗志，建立一个关注藏羚羊、关注可可西里的自然保护站。

知识链接

长江全长 6,380 公里，是世界第三大河，它的源头就是位于青海省南部唐古拉山脉主峰的各拉丹冬大冰峰。1979 年发现长江的正源是沱沱河。长江源头的景观十分壮丽，雪山冰峰，无垠的草地，蓝天白云倒映在河水中，构成了令人心旷神怡的美景。

杨欣在结束长江源的第 5 次考察后，开始了 3 个月的资料查阅与准备，他先后在青海、北京、深圳等地，寻求各方的认可与支持。在那个时候，杨欣认识了"自然之友"的创始人梁从诫。梁从诫对杨欣说得最多的一句话就是："杨欣，你看我还能为你做点什么？"一年之后，长江源生态环境综合考察队从深圳顺利成行。1996 年 5 月 27 日，取名为"索南达杰"的自然保护站在可可西里正式奠基。

接下来的时间里他就在为建立保护站筹集资金，建一个保护站需要上百万的资金，正在为资金发愁的时候，杨欣的一位朋友提醒他："你最大的财富是 6 次长江漂流的经历，把它们写下来，然后卖书，再用书义卖的钱去建保护站。"从此杨欣翻开以前的日记和图片，清理资料和思路。他并不太擅长写作，但是那些冒着生命危险在长江探险的经历就是最好的文字。两个月后，《长江魂》完成，在岭南美术出版社的帮助下出版，杨欣用书籍义卖的收入向深圳厂家订货为保护站购置了与南极站同质的轻钢结构活动房。

1997 年 9 月 4 日，12 名以工程技术为专长的志愿者先后到达可可西里，他们自掏路费，带着帐篷、被子和锅碗瓢盆与原治多县西部工委的人员一起，克服高寒缺氧，用最简陋的工具，完成了一期工程建设。

在梁从诫的帮助和深圳市政府的资助下，1997 年 9 月 10 日，在长江北源海拔 4,500 米的可可西里无人区上空第一次升起了五星红旗。中国民间第一个自然保护站——索南达杰自然保护站，终于建成了！索南达杰保护站在可可西里地区的成立标志着中国民间长江源保护运动的真正开始。此后杨欣通过一系列活动的开展，推动了可可西里乃至整个长江源生态环境保护的进程，使可可西里藏羚羊的保护和长江源生态环境的保护得到政府和社会公众的关注。同年底，可可西里国家级自然保护区批准成立。

索南达杰自然保护站（左起第 4 人是杨欣）

1998 年，索南达杰自然保护站一期工程建成后，立刻成为治多县西部工委反偷猎的最前沿基地，扼守住了进入可可西里的两条主要通道。由于资金有限，索南达杰自然保护站当时只有一栋 80 平方米的主体房屋，许多设施都没有资金添置。冬季，索南达杰自然保护站的室内温度接近零下 30 摄氏度，反偷猎队员依然在此固守。8 月，绿色江河通过义卖书的收入和社会各界的支持，又招募了 30 名志愿者来到可可西里（其中 16 名是在校大学生），对索南达杰自然保护站进行了二期工程建设。在没有任何机械帮助的情况下，凭着志愿者的双手立起了 28 米高的瞭望塔，建立了多功能厅，厨房，太阳能、风力发电装置，太阳能和柴油锅炉取暖装置，增加了厕所等。索南达杰自然保护站在建设过程中，不仅为可可西里反偷猎行动提供了一个基地，同时成为可可西里与外界沟通的桥梁。许多记者和环保人士从索南达杰自然保护站走进了可可西里，开始关注藏羚羊的命运。通过社会各界的不断努力，藏羚羊

保护活动逐渐成为中国野生动物保护的典型代表。

1999 年，杨欣在四川注册成立了"绿色江河环境保护促进会"（以下简称"绿色江河"），以民间社团形式推动长江源的生态环境保护。

同年，索南达杰自然保护站进行第三期工程建设，修建了储藏室和水泥道路，室内铺设了强化木地板等，保护站的设施进一步完善。为了引起各级政府和社会各界对长江源生态环境现状的重视和关注，促进长江源生态环境保护进程，"绿色江河"倡导建立长江源环保纪念碑，并制定出一整套可行性方案。该年，由国家环保总局、中国科学院、国家测绘局等部门牵头，在长江源区的沱沱河建立了长江源环保纪念碑，江泽民题写了碑名。除此之外，杨欣还组织了科学家队伍，对长江源头各拉丹冬周围的冰川、植被、牧民生活状况等进行综合考察，为进一步促进长江源生态环境保护进程奠定了基础。

2000 年，在 WWF（世界自然基金会）和香港地球之友的支持下，杨欣出版了《长江源》画册，并联合 WWF、香港地球之友、国际爱护动物基金会、自然之友、北京地球村、绿家园志愿者等民间环境保护组织，在北京推出"长江的希望"活动，通过义卖形式筹集保护长江源的资金。他们通过向社会义卖、认捐的形式，向 1,000 多所大、中、小学校捐赠了 1,200 多套《长江源》《长江魂》（价值近 40 万元）图书，并在北京、上海、武汉、重庆、长沙、成都、深圳等城市的大、中、小学进行了 40 余场"我们只有一条长江"的主题演讲，让更多的孩子了解长江，关注长江目前的生态环境状况。这年，"绿色江河"对索南达杰自然保护站进行了第四次建设：建起了专门的配电房，在原来 800 瓦发电设施的基础上，增加了 1,400 瓦的风力、太阳能发电设施，索南达杰自然保护站的供电量达到 2,200 瓦。当年底，索南达杰自然保护站配备了吉普车、卫星电话、电脑等设备。

经过 4 年建设，2000 年，索南达杰自然保护站成为长江源、可可西里自然保护区设施最好的基地。

2001 年 1 月 1 日，索南达杰自然保护站志愿者机制开始启动后，志愿者们纷纷报名，杨欣从全国众多志愿者中选拔出 30 名志愿者分 12 批次进行了 53 次野生动物调查，第一次系统性地科学地记录了青藏公路沿线 100 公里野生动物的种群及迁徙情况。"绿色江河"根据志愿者的调查记录，完成《五道梁到昆仑山口的野生动物调查报告》和《关于青藏铁路施工单位基地选址及铁路建设分段施工的建议书》，并上报国家环保总局、国家林业局、青藏铁路总指挥部等有关单位。2002年青藏铁路施工期间，这些建议得到部分采纳。每年，"绿色江河"公开招募的志愿者不超过40人，但最多的一年，光报名的人数就超过1万人。在"绿色江河"志愿者的队伍里，有从事生态环境保护的科研人员，有无线电工程师，有报纸杂志的媒体记者，还有国内顶尖的高山病临床医生等。

长江源环保纪念碑

2002年，青藏铁路工程在长江源区数百公里的范围内全面展开，藏羚羊产羔期间的迁徙路线继青藏公路之后，第二次遭受人为的阻挡。之前，从昆仑山口到五道梁之间的100公里，都是藏羚羊跨越青藏公路的主要迁徙通道，但是由于铁路的施工、公路的大修，迁徙通道被压缩到楚玛尔河以南仅10余公里的范围内。杨欣和志愿者们通过持续观察、记录、分析，确定藏羚羊迁徙的规律，向有关单位提出相应的建议，帮助藏羚羊完成青藏公路的东西跨越。同年，杨欣和"绿色江河"根据具体情况，有针对性地制作了一些特别的宣传品，国际爱护动物基金会为宣传品的制作提供资助。其中印制了24,000张青藏高原野生动物的不干胶粘卡通贴画，采用藏文和汉字对照，受到当地藏族和其他各民族、各阶层群众的欢迎，在来往旅行者的汽车上，在

青藏铁路建设者的营地、车辆上，在藏族牧民的家里，在五道梁的小饭馆里都贴有这种卡通贴画；针对来往西藏和青海间的游客，印制了5,000份精美的青藏公路旅游手册，将环保理念以游客注意事项等形式融入手册之中，收到良好的效果，杜绝了一般宣传品看完就扔的现象；针对青藏公路上的司机，专门制作了2,000个藏羚羊图案的中国结平安符，并印上"藏羚羊祝你一路平安"的字样。通过这些特别的纪念品，把保护环境的宣传内容，以一种喜闻乐见的形式传达给不同的宣传对象，对当地人、游客、青藏铁路建设者环保意识的提高，起到一定的促进和督促作用。

杨欣和志愿者们经过两年的持续调查，在139次调查和1,000多组数据的基础上，2003年1月完成20,000多字的《索南达杰自然保护站野生动物调查项目研究报告》，在此基础上完成《关于青藏铁路施工期间藏羚羊季节性迁徙保护的建议》，并及时送达国家环保总局、青藏铁路总指挥部。它们受到各部门的高度重视，青藏铁路总指挥部《关于确保藏羚羊顺利迁徙的通知》的文件中除了采用杨欣和志愿者的建议外，特别强调对"绿色江河"的工作进行配合。同年8月到10月，杨欣带领索南达杰保护站志愿者和大学生志愿者联合对青藏公路昆仑山口到唐古拉山口400公里的青藏公路两侧和沿途的居民点的垃圾进行了全面调查，同时也对当地的淡水资源和使用情况进行了调查，完成《长江源头地区公路沿线垃圾问题调查报告》《长江源区居民用水情况调查报告》等，分析了垃圾的现状、产生原因和危害，提出了将垃圾通过铁路剩余运力运至格尔木集中处理或就地处理的建议，在此基础上完成《关于青藏公路、铁路沿线居民点垃圾收运处置的建议》，并上报给国家有关部委，力求最终解决当地的垃圾处置问题。

2004年，在杨欣的组织下，"绿色江河"继续在可可西里地区实施"藏羚羊种群数量调查及迁徙保护"项目。项目开展期间，记录长江源头地区青藏铁路、公路沿线100公里范围藏羚羊分布、迁徙和数量情况，通过为藏羚羊清理迁徙路障、在青藏公路上拦车等方式，多次协助迁徙中的藏羚羊通过铁路和公路，并在青藏公路上设置了中国第一个野生动物通道临时红绿灯，仅2004年6月至7月就护送了2,000多只藏羚羊通过青藏铁路和青藏公路，使藏羚羊的保护更为人性化，在社会上产生很大的影响，对中国的野生动物保护起到一定的推动作用。

2005年6月2日，《亲历可可西里10年——志愿者讲述》在三联韬奋书店进行首发和义卖。这本书是"绿色江河"志愿者以在可可西里的亲身经历写成的一本书。10年来他们的亲历和他们的见闻就是可可西里的一个缩影，他们见证了普通中国地图上都找不到的可可西里的地理名词。杨欣在书的序言中写道："在你拥有这本书的同时，你已经为长江上游的生态环境保护献上了一份爱心。本书的义卖收入将全部用于中国民间第二个自然保护站的建设。"

第二个民间自然保护站的资金主要来源于《亲历可可西里10年——志愿者讲述》和杨欣所著的《中国长江》图册的义卖收入。之所以将第二站确定在中国的西南山地，是因为这里是全球25个生物多样性热点地区之一，是中国生物多样性和文化多样性最丰富的地区。西南山地拥有金沙江、嘉陵江、岷江、大渡河、雅砻江、澜沧江、怒江等大河，其中任何一条河流的水量都超过黄河；梅里雪山、贡嘎雪山、玉龙雪山、四姑娘山、雪宝顶等系列雪山终年积雪；拥有大熊猫、小熊猫、金丝猴、羚牛等中国最珍惜的野生动物；拥有20多个少数民族和他们丰富的民族文化。西南山地是中国最后的香格里拉。

西南山地的长江上游是中国仅次于东北林区的第二大林区，几十年的商业砍伐后，这里水土流失日趋严重，长江洪水频繁发生，直接影响了长江中下游的安全。1998年长江发生洪水后，中央停止了长江上游天然林的砍伐，实行退耕还林。之后，地方政府为了发展经济，在长江上游开始进行旅游开发、矿产开发、水电开发。长江上游生态环境的可持续保护和经济的可持续开发成为政府和社会关注的焦点和难点。

于是，杨欣和"绿色江河"在总结第一站的基础上，在西南山地建立中国民间第二个自然保护站，以保护站为基地，开展青少年环境教育、保护区管理人员相关知识培训、生态旅游示范、国际间环境保护交流等系列项目。同时，通过5年的努力，摸索和总结一套民间自然保护站环境保护教育、培

训的模式，并与政府合作，在西南山地的自然保护区和国家公园中复制更多的保护站，为当地政府提出的构建长江上游生态屏障提供民间支持。

在 2006 年 7 月青藏铁路通车之际，杨欣和"绿色江河"志愿者为了减少游客对青藏高原环境的污染，又启动了"乘青藏铁路列车，做高原绿色使者"的环保宣传项目，招募志愿者在格尔木车站、拉萨车站和青藏铁路列车上对进藏游客进行广泛的环保宣传，力求减少游客对高原污染的扩散。

10 年来，杨欣和"绿色江河"志愿者在北京、上海、广州、深圳、成都、武汉、香港等 10 余座城市的上百所学校，进行了数百场关于长江源生态环境保护的演讲，影响了一批又一批年轻人加入中国生态环境保护的行列中。

先锋言论

"作为探险家，我为踏遍长江源头而自豪；作为摄影师，我为长江源头的壮美而骄傲；而身为长江哺育的孩子，我应该为母亲河源头保护做些事情了。"

"现在，保护站已经成了可可西里标志性的建筑，但你可能不相信，建站所有的大小工程，都是我们志愿者自己动手完成的。"

"环保是一条只有起点，没有终点的射线。"

"绿家园志愿者"
发起人——汪永晨

先锋档案

汪永晨，1954年7月生于北京，祖籍安徽。民间环保组织"绿家园志愿者"创始人、环保作家。

1986年，汪永晨是中央人民广播电台《午间半小时》节目的创始人之一。1988年，她开始关注环境问题，制作了广播节目《救救香山的红叶》和《还昆明湖一池清水》，节目在听众中引起了一定的反响。1994年，汪永晨制作的广播特写《这也是一项希望工程》获"中央人民广播电

汪永晨

台优秀节目一等奖""中国环境新闻一等奖"。1999年，汪永晨获中国环境最高奖"地球奖"，随后将所获两万元人民币奖金捐给中华环保基金会，设立了"绿家园教育基金"。1995年，出版专著《女性独白》。1996年，她发起并创办了"绿家园志愿者"环保组织。1997年，汪永晨组织绿家园志愿者和香港的民间环保组织一起，用"领养树"这种绿色的方式庆祝香港回归祖国。1999年3、4月，组织绿家园志愿者开展"99万亩黄河边植树"活动。为保

护环境，她组织的"周三课堂""记者沙龙""环境宣传咨询活动"等绿色活动影响了数以万计的人。2000年，被国家环保总局评为"环境使者"。2001年，被国家环保总局评为"环境保护突出贡献者"。从2006年11月19日起，汪永晨带领绿家园志愿者们正式发起了一场"江河十年行"活动。活动计划用十年时间，从2006年到2016年走遍中国西南的江河，持续跟踪关注岷江、雅砻江、金沙江、怒江、大渡河、澜沧江等中国西部主要江河，忠实记录它们的变迁，系统考察江河水电开发与环境保护的关系。

除此之外，汪永晨还在报纸杂志上发表了近百万字的文章及大量照片，成为一些报纸杂志的专栏作者。已出版专著有：《女性独白》《少年大学生之谜》《拥抱自然》《招一只小鸟，在你心里筑个窝》。

汪永晨发起的"绿家园志愿者"队伍从1996年的几十人到几百到成千到现在的上万人。队伍的成员也从最初的记者、环境科学工作者发展到大、中、小学老师，学生、退休老人和公司的白领，党政机关的干部及各行各业的老百姓，成为我国最大的民间环保组织之一。

先锋事迹

通过广播节目来宣传环保

1988年，汪永晨在中央人民广播电台《午间半小时》节目组工作。有一天她接到一位听众的电话，反映游人在同一个时间去香山观红叶、采红叶，把黄栌的根都踩出来了，破坏性很大。那位听众是社科院的研究员，随后，他带汪永晨去了颐和园昆明湖，汪永晨才知道昆明湖有一个工作叫"捞脏"，就是打捞湖里被游人丢弃的垃圾，据说一天最多可以打捞100多船。汪永晨当时觉得这是环卫的问题，可是这些人怎么把湖当成垃圾箱一样扔？这两件事让她第一次意识到人与自然的关系是如此不和谐。她立即制作了两期广播节目《救救香山红叶》和《还昆明湖一池清水》。节目播出后，反响很大，汪永晨也自此开始关注环保问题。

1993 年，汪永晨去了青藏高原，在这里她真正迷上了环保。那次她从西宁到格尔木，沿途碰上无数淘金者，那些淘金者一进青藏高原就是大半年，带的只是一大口袋面和一小口袋盐。他们不但严重地破坏了植被，青藏高原特有的珍稀野生动物野牦牛、藏羚羊、白唇鹿也都成了他们枪下的猎物。裸露的秃山坡上，到处都是珍稀动物的遗骨。汪永晨看到这一切觉得非常残忍，从那一刻，她便暗下决心，不仅要把环保路进行到底，还要把自然保护区的美和它存在的意义告诉更多的朋友，同时也要把自然被人类糟蹋的样子让更多的人看到。

1994 年，一位同行对汪永晨说："我的家乡有个被人们称为'鸟痴'的小学校长，你有没有兴趣去采访？"汪永晨便按照同行提供的线索来到那个村庄，发现那里不仅贫穷，而且环境恶劣，每一棵树都让虫子吃得没有一片完整树叶。但让她出乎意料的是，汪永晨进到那所小学却看到绿树参天，树上挂着鸟巢，学校里还有鸽子楼、小鸟医院、标本室。这一切让汪永晨的内心有种说不出的滋味。

被采访的那位名叫朱以勋的小学校长爱鸟如命。有一次，有个村民在路上捡到一只受伤的大天鹅后找到朱以勋，对他说："你不是爱鸟吗？给我 50 块钱，我就把天鹅给你。"朱校长听后二话没说，回家拎起面口袋到街上就把面卖了，然后用卖面所得的 50 块钱从村民那里换回了大天鹅。这以后，朱以勋带着同学们天天看护着受伤的大天鹅，养得好一点了就试着放飞，放了七次都没成功。一天晚上，值班的同学听到天鹅发出了一声长长的鸣叫，赶快跑过去看，大天鹅已经倒在了地上。大天鹅被解剖后人们发现，它身体里有六颗子弹。朱以勋很痛心，他把天鹅做成了标本。

那次回到北京后，汪永晨把小学校长朱以勋的故事讲给朋友们听，一位做生意的朋友听后很感动，给了她一万块钱，让她为这位校长做点事情。于是，汪永晨便把那个小学的 30 个孩子和 10 名老师都请到北京来，把他们爱鸟的故事讲给北京的孩子们听。随后，她制作了广播特写《这也是一项希望工程》，介绍这所农村小学的师生在艰苦的生活环境中，爱护环境、保护小鸟的事迹。节目播出后反响强烈，之后世界范围内有 300 多所学校与那所农村小学结成"手拉手"学校，这所小学还被世界自然基金会和联合国环境署定为绿色教育示范基地。这个节目也获得了"中央人民广播电台优秀节目一等奖"以及"中国环境新闻一等奖"。

一位退休老人，从汪永晨制作的广播节目中听说孩子们在来北京的路上，一天一夜没吃没喝，这位老人拿着自己刚刚补发的 200 块钱工资找到朱校长："我们北京人不能让孩子们再饿着肚子回去。"这位老人还买了一大包毛巾，递到朱校长的手上时说："让孩子们在回去的路上擦擦汗。"

孩子们在北京时，汪永晨想让他们也过一次城里孩子周末常过的生活，就给前门肯德基老板打了个电话，讲了孩子们爱小鸟的故事。老板听后慷慨地说："让孩子们来吃吧，全部免费。"吃完饭，每个孩子还得到了一个漂亮的书包和一个水壶。汪永晨还和一起组织活动的中国人民大学周孝正教授带他们去了故宫博物院。本以为学生有半票，但是没有。20 块钱一张，40 个人，这下可难住了她们。汪永晨把孩子们爱小鸟的故事通过电话讲给故宫博物院院长听，院长听了这些孩子的事情后问："他们在哪儿？"汪永晨说就站在门外的雨里，院长说："全部进来，全部免票。"

1997 年，朱以勋校长以最高票获得首届中国环保大奖"地球奖"。从此，汪永晨的热情便全部投入了环保活动中。

创办"绿家园志愿者"

1996 年，汪永晨与中国环境科学院的金嘉满走到了一起，他们共同发起了"绿家园志愿者"（以下简称"绿家园"）环保组织。"绿家园"这个名字，是汪永晨取的。他们给"绿家园"定的宗旨是：走进自然，认识自然，和自然交朋友。这一年，汪永晨采访了北京市林业局局长后得知，义务植树在中国早已家喻户晓，可树种上后基本就没人管了，她就发起了"绿家园"成立后的第一个环保活动——领养树，很快就有几千人加入这个行列中。他们在十三陵水库旁边的蟒山森林公园里开展了领养树的活动。这以后，领养绿地，领养动物，在全国蔓延。

1996 年 10 月 5 日，汪永晨把从美国鹤类基金会学来的观鸟方式用上了。她发起了中国第一次民间观鸟。那天的观鸟活动有 80 人参加，有小学生，也有 70 多岁的老人。2002 年 12 月 6、7 两日，湖南岳阳的东洞庭湖迎来了全国各地的观鸟高手，他们要在这里一比高低。从 1996 年开始观鸟到 2002 年第一次有了全国的观鸟大赛，中国民间环保组织用了 6 年的时间。

1997 年，汪永晨和几家媒体的记者一起乘船在长江上航行时，见到一位乘客随手要把一个白色塑料饭盒扔进江里，她立即上前制止。经制止后才发现，他们所在的江轮上竟然没有一个垃圾筒，问船上服务员垃圾怎么办，船上的乘客及服务员都说是把垃圾直接扔到江里。回到北京，汪永晨采访了中国交通部和长江航运管理部门后得知，在我国长江上运营的客船，对于如何处理垃圾确实没有条文规定。经过现场随机和事后的大量采访，她制作了广播节目《"白"了长江》，在中央人民广播电台播出后，交通部和国家环保总局对此给予了极大关注。不久，《禁止在长江航行的船只上使用塑料饭盒的规定》便出台了；国家环保总局组织大规模的沿江考察，以便进一步制定相关的法律条文。

1997 年，汪永晨在采访日本老人远山正瑛时得知，在内蒙古沙漠上，每年都有很多日本志愿者前去种树，却没有中国志愿者前往。从 1997 年"五一"开始，她便组织"绿家园"开始推动荒漠植树计划。志愿者们的足迹遍布内蒙古的恩格贝、科尔沁沙地，黄河、长江两岸，长城脚下，太行山中。那年他们在内蒙古科尔沁沙地种下了相当于千分之一香港面积的树。

1998 年夏季，长江发生特大洪水时，汪永晨随中国女子长江源科学探险漂流队进入长江源区。在那次采访中，汪永晨了解到因遭遇全球气候变暖，世界第三极青藏高原近年变化很大，面临着严峻的生态考验。那次的长江源行，经过 40 天和大自然亲密接触和深刻了解后，汪永晨制作的广播节目《走向正在消失的冰川》获得了 1999 年第 36 届亚洲太平洋地区广播联盟广播节

目大奖，专家的评语是：记者与自然相处后达到了一种境界。

1999年3月，汪永晨组织的"99万亩黄河边植树活动"中，不仅有500名来自北京，还有来自世界12个国家的绿家园志愿者在黄河边上种了树。那一年，汪永晨还获得了由国家环保总局颁发的"地球奖"。她将2万元奖金捐给中华环保基金会，设立了"绿家园教育基金"。同年，她在中央人民广播电台开播了《环保热线》《动物天地》和《走进绿家园自然保护区》等栏目。

一位从河北蠡县过路的听众，发现当地小皮革作坊里流出的水严重污染了当地的农田，于是打电话向《环保热线》节目反映情况。随后当地村民也打电话向《环保热线》反映自家的农田多年来遭受严重污染却无法解决。为了帮助村民解决水污染问题，汪永晨制作了跟踪报道，并打电话到河北省环保局、保定地区环保局。在环保局的参与下，蠡县县长亲自批示：小制革作坊属于国家规定关停并转的"15小"，要在最快的时间里关闭。困扰当地农民多年的污染，经过汪永晨的参与和媒体的干预，终于得以解决。

杭州古荡，是因水多而得名的江南古镇。可因房地产的开发，最后一片湖水也要被填埋开发房地产了。当地群众给《环保热线》打来电话，希望在节目中帮他们呼吁留下这片湖水。节目制作中，汪永晨赶紧联系杭州当地媒体，希望他们也加入呼吁当中。节目在中央人民广播电台《环保热线》和杭州电视台播出后，惊动了杭州市长。在杭州市长的关注下，当地建筑部门大规模地修改了原来的设计方案，保住了古荡。

汪永晨越来越体会到环境监督的意义及媒体所能发挥的作用。为了让更多的记者参与环保，为环保做更多的事，2000年夏天，她和几位做环境报道的记者创办了"绿家园记者沙龙"，每月请一位专家给同行们进行环保知识普及。2002年，"绿家园记者沙龙"和《中国青年报》"绿岛"联手，记者沙龙的规模继续扩大，它的影响力也与日俱增。

一次，沙龙的记者得知，北戴河一块东北亚鸟类迁徙的重要湿地上正在筹建一个国际会议中心，这将对东北亚鸟类的生存产生威胁。于是，他立即把问题带到沙龙上。经过讨论后，大家分头行动，采访、写稿、呼吁，最终惊动了河北省有关领导，湿地被保留了下来。还有一次，北京郊区最大的一块湿地被开发商看中，要修高尔夫球场，又是在记者们的努力下，该计划宣告失败，而这片芦苇荡将成为北京的第一个湿地公园。

"怒江保卫战"

汪永晨看到了中国的河流在变脏，中国的大地在变干，中国的水在变少；看到中国的江河，除了遭受污染、过度捕捞、疯狂的挖砂采金、无休无止的航运之外，还在遭遇时兴的筑坝运动，几乎所有的河流，都被规划、建设上了大坝小坝。江河生态系统，即使不再遭受任何的污染和捕捞，也将面临崩溃。

因此，从2003年起，汪永晨突然开始高度聚焦中国江河的命运。她发现，要将环保做到实处，必须在两个角度发生变化，一是定位清晰，二是专业能力提升。

2003年6月下旬的一天，在木格措采访的汪永晨接到一位都江堰遗产办公室工作人员的电话，打电话的人想让汪永晨通过采访和媒体报道，阻止在都江堰的鱼嘴修建杨柳湖水库水利工程。汪永晨赶到了都江堰的鱼嘴，那次的都江堰之行让汪永晨决定要让更多的人知道鱼嘴，让更多的人来保护这份世界遗产。回到北京后，汪永晨在记者沙龙上讲述了自己的所见所闻。很快，从7月初到8月底，180家媒体的集中报道让有关部门作出反应。同年8月29日，四川省政府第16次常务会议上，杨柳湖电站建设项目被一致否定。

怒江于2003年7月3日正式列入世界自然遗产，叫"三江并流"。这三条江是金沙江、澜沧江和怒江。一个自然遗产的评选有四个条件，包括生物多样性、景观、地质构造和文化。只要符合其中的一条就可以成为世界自然遗产。怒江被评为世界自然遗产，原汁原味的文化其实在里面起到了非常重要的作用。怒江不仅那三条标准都具备，文化这条标准更是它的特色：22个

民族、6个宗教，怒江的一个家庭里可能有5个民族，怒族、独龙族、傈僳族、藏族、汉族，还会有其他的民族，这些能够保留它的原汁原味是和江河分不开的。

怒 江

2003年8月12日至14日，国家发改委在北京召开《怒江中下游水电规划报告》审查会，会议通过了在怒江中下游修建十三级水电站的方案。当汪永晨得知怒江修建水坝的方案已经通过的消息后，她就哭了。与其说汪永晨是为生态江河而落泪，倒不如说她是为库区移民而痛哭。汪永晨说，她曾去过许多库区调查，发现一些移民生存状态堪忧："男的大都出去打工了，就只剩下女人和孩子在江边靠捡垃圾为生。我问他们每天能卖多少钱，他们告诉我，大概是两毛。"为了保住怒江，从此，汪永晨和其他环保人士展开了反对建坝的"怒江保卫战"。

为了了解怒江，汪永晨和其他媒体的记者、环保志愿者一道开始了为期9天的怒江之行，收集了大量图片、文字和声音资料。他们自己筹资，在北京举办了"情系怒江摄影展"。汪永晨说："即使怒江上最终还是建了十三级水电站，我们还是要告诉公众，告诉子孙，曾经的怒江是一个什么样子！"

知识链接

怒江又叫潞江,为中国西南地区大河。发源于青藏边境唐古拉山南麓,由西北向东南斜贯西藏自治区东部,入云南省折向南流,经怒江傈僳族自治州、保山地区和德宏傣族景颇族自治州注入缅甸后改称萨尔温江,最后流入印度洋孟加拉湾。从河源至入海口全长 3,240 公里,中国部分 2,013 公里;总流域面积 325,000 平方公里,中国部分 13.78 万平方公里。它深入高原内部;向东南流经平浅谷地,河床坡度较小,水面较宽,流速不大。嘉玉桥以下流入他念他翁山和伯舒拉岭之间的峡谷中才叫怒江。嘉玉桥至云南省的泸水为怒江的中游,中游进入云南境内以后,折向正南方向,奔流在怒山与高黎贡山之间。大堑段两岸岭谷的相对高差可达 3,000 米,山谷幽深,危崖耸立,水流在谷底咆哮怒吼,故称"怒江"。泸水以下为下游,河谷较为开阔,岭谷高差已降至 500 米左右。怒江境内,4,000 米以上高峰有 20 余座,群山南北逶迤、绵亘起伏,雪峰环抱,雄奇壮观。怒江以其山雄川秀、民风朴实、特色明显而向世人展现出一个独具魅力的世界。

汪永晨认为,发电的方式可以选择,但怒江一旦被破坏,将没有任何回转的余地。后来,汪永晨在《深情的依恋——怒江》一文中记录了她怒江之行的所见所思:"我们此次同行的一位年轻记者认为:原始不是幸福也不是发展。但是我们眼前的这些山民,他们在发展的过程中有多少自己的选择?地方政府是站在山民的角度看待他们和自然的关系吗?山民能像过去迁徙于'民族走廊'里那样发展自己的文化,寻找自己生存的乐土吗?现在,就连他们种什么、养什么都是政府决定的。决定了 50 多年,他们和外面世界的差距越拉越大。又说他们太穷,要改变,还是要替他们做决定。山民们欣然应允,因为他们已经不像自己的先辈那样有自己迁徙的选择路线了,他们已习惯了被安排,现在要让他们自己发表点意见,反而不知说点什么。骨子里与生俱来的个性虽然与现实的章法在对抗,但是这么多年来,在发展的方向上从来

是外面的人说了算，谁问过他们应该怎么办？""把有着那么丰富民族文化传统的人的家搬走了，那么'三江并流'作为世界自然遗产得到的'这里的少数民族在许多方面都体现出他们丰富的文化和土地之间的关联——他们的宗教信仰、他们的神话、艺术等'还能存在吗？没有了根的民族，能富裕吗？"

2004年2月18日，国家发改委上报国务院的《怒江中下游水电规划报告》没有被通过。温家宝总理对规划的批示是："对这类引起社会高度关注，且有环保方面不同意见的大型水电工程，应慎重研究，科学决策。"当时正在怒江山谷中行走的汪永晨，得到大坝缓建的消息后，失声痛哭。这件事被中国媒体视为一个具有里程碑意义的事件，民间对于重大项目的声音，首次影响了中央决策。2004年11月13日，国家发改委能源局组织召开了"怒江流域规划评价专家审查会"，会议在没有NGO和公众的参与下竟通过了《怒江水电项目规划环境影响评价报告》，到会的专家也多是支持怒江水电的专家。汪永晨认识到，在怒江上不建坝的可能性已经很小，只希望工程建设能够按照程序办理。

汪永晨在这几年帮助怒江的小学建了37个阅览室，还为每个学校开设了电影课，给他们买了电视机、DVD，现在有一个儿童电影片库，每年选择50到100个优秀的儿童影片，送给这些孩子们。

发起"江河十年行"活动

从2006年11月19日起，汪永晨带领绿家园志愿者们正式发起了一场"江河十年行"活动。活动计划用十年时间，从2006年到2016年走遍中国西南的江河，持续跟踪关注岷江、雅砻江、金沙江、怒江、大渡河、澜沧江等中国西部主要江河，忠实记录它们的变迁，系统考察江河水电开发与环境保护的关系，以及水电开发背景下这些河流沿岸百姓生产生活所发生的变化。他想通过这个活动让大家都知道西南的江河是中国最漂亮、生物多样性最丰富、老百姓也很富足的一个地方，但是现在因为没有很好地规划开发，而产生了很多的问题。

2008 年，"江河十年行"进入第三年。这一年的活动分成了两次：一次是 10 月份的四川行，重点考察的是岷江、大渡河、雅砻江；12 月份是云南行，重点考察的是金沙江、澜沧江、怒江。

除了组织"江河十年行"和"记者沙龙"活动，汪永晨一直还在做另外两个事：一是卖环保书籍，她卖书的钱是为云南怒江边的小学订报纸、送书籍和影片。为了让这些书能够出版和再版，她自己不但没拿任何的稿费或版税，还往里面倒贴了不少。二是到处演讲，宣传环保。有时候，都快成了演讲狂，只要有机会，她就一定去讲。她经常是在大学讲，在社区讲，在电视里讲，在电台里讲，在网络上讲，她想组织一个"环保巡讲团"，到全国各地去讲。

行走过两极的汪永晨，在她的《世界两极密码：从长江源到北极》一书中谈到极地臭氧层空洞及温室效应的后果时写道："国际冰雪委员会的一份报告表明，喜马拉雅山的冰川正在以比世界上其他地区更快的速度融化，如果以现在的速度融化，到 2035 年，在这一地区就看不到冰川了！而如果冰川真消失，亚洲的几大河流——印度河、恒河，还有我们的长江，将失去丰富的水源。谁能说遥远的冰川与我们无关？"

先锋言论

"绿色是一种生命的象征，选择是一种价值取向；绿色和选择共同预示着人类与社会的发展。人类的未来，与选择绿色与否息息相关！"

"有关环保知识的普及，媒体是一支不可忽视的力量。"

"我们这代人在历史的长河中，只是匆匆的过客。不管是城里人，还是城外人，我们留给后人的是什么，对我们来说不仅仅是名声。"

黑嘴鸥的保护神——刘德天

先锋档案

刘德天，民间环保组织"盘锦市黑嘴鸥保护协会"创始人、《盘锦日报》记者。

刘德天为保护濒危鸟类黑嘴鸥曾个人出资 10 万余元，发表环保文章 300 多篇、照片 120 余幅。他披露开发行为，先后保住 2,000 亩黑嘴鸥繁殖地、30,000 亩丹顶鹤繁殖地免遭践踏。他写文章呼吁保护黑嘴鸥繁殖地南小河，最终促成南小河黑嘴鸥保护站的建立。

刘德天

此外，他成功地宣传和保护了丹顶鹤，使盘锦有了"鹤乡"的美誉；他举办"珍稀百鸟画巡展·千米长卷十万人签名活动"；他成功地策划了我国第一个"观鸟旅游月"，为我国观鸟旅游创造了一个良好的开端，找到了旅游业与鸟类保护的结合点；他还创建了我国长城以北第一个环保民间组织的环境教育基地，这是环保民间组织与企业合作的一个成功范例。

2002 年，他获得"福特汽车环保奖"后，用奖金召开了全世界第一次民间组织主办的黑嘴鸥保护国际研讨会（中、日、韩三国鸟类专家参加），并建立了有 3 国 5 地 6 方参加的"黑嘴鸥信息网络"。同时，他撰写的大量报道和科普文章也让人们了解到黑嘴鸥的价值，为普及生态保护常识、保护环境价值链起到了极为积极的作用。

先锋事迹

1990 年，国际自然基金会鸥类专家梅伟义到盘锦考察黑嘴鸥。通过考察，梅伟义确认双台河口地区就是人类寻找了百余年、濒临灭绝的黑嘴鸥繁殖地。梅伟义经过对盘锦湿地的考察，共发现约 1,200 只黑嘴鸥，而当时全球黑嘴鸥的数量只有约 2,000 只。黑嘴鸥主要栖息在盘锦境内南小河湿地、十里西、流子沟、人工岛以及外围滩涂等地，共有 9 平方公里的面积，超过了世界其他任何一个黑嘴鸥繁殖地的面积，是当之无愧的世界上最大的黑嘴鸥繁殖地。

刘德天采访专家后连夜写了一篇有关黑嘴鸥繁殖地的报道——《中国发现黑嘴鸥繁殖地 揭开世界百年未解之谜》。次日，刘德天的这篇报道便刊登在《盘锦日报》的头版头条，并随后被多家报刊转载，在社会上引起了广泛关注。

黑嘴鸥是海鸥中唯一不在岛上而在陆地筑巢孵化的一种鸟。它们对繁殖环境要求苛刻，不但要有丰富食物的沿海滩涂湿地，还要有低矮稀疏的碱蓬，因为它们的巢需要不遮挡视线的植物依托。由于盘锦市辽河三角洲的过度开发，黑嘴鸥不得不数次迁移家园。

盘锦湿地的黑嘴鸥

知识链接

1871 年，法国传教士司温侯首次在我国福建厦门采集到黑嘴鸥标本并命名。黑嘴鸥是国际特别保护鸟种，被列入国际鸟类保护委员会编写的《濒危物种动物红皮书》中。黑嘴鸥体长 32 厘米左右，头部上颈和嘴均为黑色，眼下有白色小斑，背、肩、羽和腰为淡青灰色，下颈、胸、腹、尾为白色。成鸟头戴"黑帽"，在阳光下，如同盛开的黑蕊白朵花儿一般漂亮。

"黑嘴鸥是全球 44 种海鸥中人类认识最晚的物种，属珍稀、濒危鸟类，被列入世界红皮书。""黑嘴鸥是指示物种，它对环境十分敏感，它的数量可以指示栖息地的环境。如果有一天，黑嘴鸥在它的栖息地消失了，那么就标志着当地环境遭到了巨大破坏，甚至人类也要考虑自身的安全了。"种种关于黑嘴鸥的资料都在显示一个问题：这种鸟类如果不妥善加以保护，将很快绝种。这让刘德天忧心忡忡。刘德天认为，大自然就像是一张环环相扣的大网，黑嘴鸥也是这张大网上的一环，一旦此环被破坏，今后可能会有更多的物种受到灭绝的威胁。这种想法让他意识到了对黑嘴鸥保护的紧迫感。从那以后，刘德天便开始频繁地往保护区跑，带着望远镜一观察就是大半天。一个人的力量毕竟有限，为了更好地保护黑嘴鸥，刘德天把社会各界有识之士组织起来，并在当地民政部门注册，于 1991 年，成立了我国第一个保护黑嘴鸥的民间组织——盘锦市黑嘴鸥保护协会。该协会成为我国最早的一批环保 NGO 之一，是全国第一家为一个鸟种成立的保护组织。

在 1991 年之前，国内还没有鸟类 NGO 可借鉴的经验，一切只能靠摸索。创会之初，既没有社会捐赠，也没有环保组织的资助，协会大多数经费靠刘德天自己从家里拿。协会组织会员到野外考察，没有交通工具，他便靠自己的关系，求人、借车，可是到野外考察是个长期的事情，几乎每个周日都要去，后来刘德天和会员自费打车外出。即使这样，他仍然不肯放弃自己保护黑嘴鸥的信念。

为了让人们了解到黑嘴鸥的价值，普及生态保护常识，刘德天利用自己的职业优势撰写了大量报道和科普文章。通过几年的宣传，人们保护黑嘴鸥的意识大大增强。但因为 20 世纪 70 年代中国在制定《中国野生动物名录》时，还没有发现黑嘴鸥在中国繁殖，因而在名录上也就没有黑嘴鸥的户口。为了让黑嘴鸥有名分，方便以后的保护工作，1995 年 3 月，刘德天与有关人士协商到北京协调。

1996 年，市里决定在全市范围内评选市鸟后，刘德天先后撰文 30 多篇，并到处为黑嘴鸥拉票。当他发现在盘锦鹤文化源远流长，如果选一种市鸟只能是丹顶鹤时，他提出了"一市两鸟"的主张。

2000 年，刘德天发表《"黑嘴鸥河西飞"现象不容忽视》，指出黑嘴鸥从辽河东岸向河西岸的南小河迁移，一是说明东岸农业开发的影响使那里的黑嘴鸥繁殖地丧失，二是强调黑嘴鸥在辽河西岸落脚的南小河，有潜在的环境危机，不能忽视。

2002 年，为了保住南小河，为了引起全社会对南小河这片黑嘴鸥最后的家园的重视，刘德天策划了"送黑嘴鸥雏返回家园"活动，把在南小河发现的一只受伤后经过救治痊愈的黑嘴鸥雏送到它的出生地放飞，举行放飞仪式，以此引起社会各界对南小河的关注。

2002 年，刘德天获得"福特汽车环保奖"。利用这笔奖金，他组织召开了全世界第一次民间组织主办的黑嘴鸥保护国际研讨会（邀请中、日、韩三国鸟类专家），并建立了有 3 国 5 地 6 方参加的"黑嘴鸥信息网络"。

2003 年，当地虾农在南小河引海水养虾，使正在孵化中的黑嘴鸥的卵遭淹，致使雏鸟死在卵

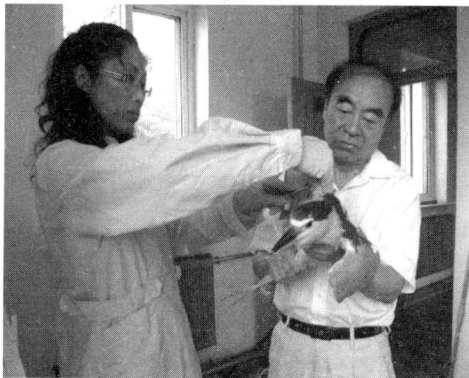

刘德天正在救治受伤的黑嘴鸥

壳里，刚出壳还不会飞的幼鸟溺水而死。盘锦黑嘴鸥的数量比上一年锐减2,000 只。刘德天经过深入调查，在报纸上发表了长篇调查报告《哭泣的南小河》，引起了社会的普遍关注，强大的舆论给相关部门施加了压力。

刘德天又写信请研究黑嘴鸥的日本鸟类专家武石全慈对南小河的问题发表保护对策。武石全慈在回复刘德天的同时，还就南小河问题致函黑嘴鸥保护协会顾问、盘锦市委书记曾维。曾维对武石全慈不甚了解，对他的保护对策一时无法表态。刘德天向曾维介绍了武石全慈的背景并肯定了他的对策，促成曾维给武石全慈复信，并在信中表态"要为保护黑嘴鸥尽职尽责"。曾维还作出批示，要求有关部门拿出落实日本专家保护对策的措施。

刘德天经过 4 年的努力，终于促成保护站在南小河的建立，黑嘴鸥由2003 年减少 2,000 只到 2004 年增加了 3,000 只。

刘德天带领会员开展了黑嘴鸥北方越冬实验、黑嘴鸥性别鉴定等研究。为了找到红海滩消失、生态环境退化的原因，他多次到保护区考察，甚至不顾生命危险蹲在海水中观察，终于破解了长时间困扰很多科学工作者的红海滩消失之谜。他从国外的观鸟活动中受到启发，提出开展辽河三角洲观鸟旅游——在旅游中走进自然，在自然中熟悉鸟类，在熟悉中增强保护意识。2005 年春，他成功策划了辽河三角洲观鸟旅游月活动，为我国观鸟旅游创造了一个良好的开端，找到了旅游业与鸟类保护的结合点。

他还用了 10 年的时间打造具有地方韵味的生态文化。他组织创作歌曲《红海滩·黑嘴鸥》，并且刻录 5,000 张光盘广为传播。他组织创作了《回家吧，小鸥》《放心吧！妈妈》等一批以黑嘴鸥为素材的诗歌发表在报刊上。他组织了以黑嘴鸥为主题的书法笔会和"珍稀百鸟画巡展·千米长卷十万人签名活动"。生态文化的打造对于增强当地人们的生态意识起到了潜移默化的影响作用。经过不懈努力，盘锦人的环保意识也在不断提高，黑嘴鸥保护协会也由最初的几十人发展到现在的几万人。

2006 年 6 月 18 日，他奔走呼吁 15 年的黑嘴鸥由 1990 年的 1,200 只增加到 6,000 多只，已占全球总量的 70%。

鼎翔风景区过去是盐碱滩、涝洼塘，由于这里的领导者建设环境，保护环境，包括为树让路、为猫发补贴、为鸟建医院等，现在出现了人与自然和谐，生态环境向人类回报经济效益的良性循环。在企业的支持下，刘德天把鼎翔风景区辟为环境教育基地——这是我国长城以北第一个环保民间组织的环境教育基地。这也是NGO与企业合作的一个尝试。刘德天以景区为课堂，以景点为教材，寓教于游，3年时间受教育面达40万人次。

刘德天十几年如一日保护黑嘴鸥，不仅使黑嘴鸥数量明显增多，而且影响和带动了盘锦地区人民群众环境意识的提高。刘德天最大的心愿是希望黑嘴鸥不再位列濒危物种的名单。国际公认的脱离濒危鸟类种群标准为1万只，而现实正向这个标准逐渐接近。

先锋言论

"环境问题就像有人落了水，此时呼吁是必要的，但都在呼吁，谁也不下水去救人，落水的人就会被淹死。"

"保护自然就是保护人类自己。只要我们努力，是可以挽救一个物种的。"

"为沉默者代言"——方明和

先锋档案

方明和，民间环保组织"绿眼睛"发起人。

方明和 16 岁时创建了"绿眼睛"，19 岁成为"绿眼睛环境文化中心"的法人代表，他被《南方周末》《人物周刊》称为"中国环保组织最年轻的掌门人"。曾获得过国际"福特环保奖"、国家级"地球奖"等。联合国和平大使珍·古道尔博士赞誉他为"一个非常勇敢的孩子"。2006年，他被国家环保总局中国环

联合国和平大使珍·古道尔博士与方明和合影

境文化促进会聘请为理事。为大自然和野生动物请命是方明和当时成立"绿眼睛"的初衷。经过 9 年的艰苦历程，方明和已经在环保领域创造出了一片天空。

先锋事迹

方明和是浙江省温州市龙港镇一个经商家庭的独生子，从小喜爱动物。1998 年，读初中的他，出于对大自然的热爱，从收集环保剪报、给国内著名

环保人士写信、野外观鸟，到偷拍盗猎者犯罪的照片，再到在大街上公开呼吁公众抵制流动贩鸟摊点……开始了他的环保之旅。

2000年方明和16岁，他只身一人暗访广州市野生动物交易市场。一幕幕惨绝人寰的屠杀场景让这个生性善良的男孩愤怒，他的心沸腾了："我必须为沉默者代言！"那年暑假，他制作了十几块环保题材的剪报，送到温州市区的公园巡展。他开始把拯救动物作为自己的使命。这就是"绿眼睛"的起点。

后来，在别人的建议下他打算成立一个志愿者团体。2000年11月25日，在玉龙湖旁，12个志同道合的中学生在方明和的倡议下，创立了青少年自然考察队，并在第二年加入国际环境教育项目"根与芽"时，正式更名为"绿眼睛"。（"绿眼睛"是方明和命名的，"绿眼睛"有两层意义：一是像爱护眼睛一样爱护自然环境和野生动植物，二是代表了公众监督环境保护的眼睛。）

从此，一群尚未长大的孩子在方明和的带领下，怀着对人类生存环境之绿的担忧与关爱，开始从身边每一件利于环保的小事做起。他们冒着危险为救助野生动物奔波操劳。他们拍摄、曝光盗猎者的照片，拯救被"活熊取胆"的黑熊，冒雨追击贩卖小鹿的不法分子。方明和曾为了找到藏匿野生动物的场所，冒了一天的大雨跟踪一名鸟贩，还曾与当地林业部门夜晚出动，对藏匿在偏僻村庄的一处野生动物经营场所进行打击。

2002年，方明和开始筹资建设动物救助站。经过两年多的运作，该救助站每年救助300多只动物，其中有三分之一为国家重点保护的野生动物。

17岁时，方明和第一次走进人民大会堂，环保总局局长亲手将奖杯递过来，当时他一遍一遍对自己发誓："这辈子就做环保了！"方明和捧回"福特环保奖"后，为了使"绿眼睛"得到更好的发展，他到处查阅关于"民间组织管理"的相关法律，着手"绿眼睛"注册之事。2003年，"绿眼睛"终于获得民办非企业的注册身份，方明和成为中国环保界最年轻的NGO法人代表。

为了做一个专业的环保志愿者，方明和熟读了《中国野生动物保护法》，

能熟练鉴别野生动物的种类，为林业和公安部门打击野生动物非法贸易和盗猎提供执法支持，积极协助林业和公安部门破案。他每年要到20多所学校演讲，最忙的一天要跑6所学校。

创业初期，"绿眼睛"成员们租住在一间车库里，后来在苍南团委的支持下搬到了县青少年宫一间10多平方米的办公室里。办公室窗外就是"绿眼睛"动物救助站。救助站的笼舍根据猛禽救助的标准建设，配有卫生室、隔离室、野放训练笼及标准笼舍10个，可同时接救30只野生动物。

2004年6月5日，世界环境日那天，方明和启动了中国第六辆环境教学车——海鸥车，使环境教育深入贫困山区，结束了当地环保部门因缺乏宣教员无法到山区开展环境教育的历史。

2009年2月，"绿眼睛"开通了华南野保热线（4008805110），接受华南地区野生动物非法贸易举报及野生动物保护咨询工作，人们亲切地叫它"动物110"，这是国内民间组织开通的第一个野生动物保护热线。除此之外，"绿眼睛"在浙江、福建、广东、海南和辽宁5省都设立了办公室，有10位专职人员分布各地，志愿者达1,000余人。

2009年6月7日，为迎接6月5日世界环境日的到来，方明和组织"绿眼睛"在温州市图书馆举办了环境日主题讲座。

2009年是"绿眼睛"成立第九年，方明和用行动证明了民众可以在野生动物保护中发挥重要作用。"绿眼睛"已从当年的"草根组织"变成了"合法的民间组织"。但他认为自己还有很长的路要走，他希望"绿眼睛"在影响公众的同时，可以号召更多的人参与到中国野生动物保护事业中来。

就这样，方明和带着人与自然和谐相处的美好愿望，在为大自然和野生动物请命的道路上坚持不懈、勇敢地走下去，使"绿眼睛"在全国深具影响，逐步走上了稳步发展的道路。

先锋言论

"环保事业离不开公众的参与，离不开多方力量相互制衡。"

"以来自民间的力量去制衡社会上一些不公平、不正义的公共事务，尤其是环境，因为我们的大自然自己不会说话，所以我们要为它代言。"

"我们的力量虽然薄弱，但我们有年轻的热情、执着的信念，就像星星之火，总有燎原的希望。"

"以前，我们会因反对动物活体展览而上街抗议，会在街上与动物贩子争吵，还想过和一些执法不力的部门对着干，但是后来我们越发明白了这个社会，明白对着干是没用的，明白要低调地做人和做事，明白要开展建设性的合作。"

"我们的行为曾经遇到许多人的不理解，遭受过尴尬和无奈，但我们不愿使心中的绿色火焰就此熄灭，我们鼓起勇气和信心，为自己加油，困难不断被克服了，我们也得到了社会的认可。"

"环保和节约应该是一种精神，它们要渗透在当代青少年的灵魂深处里。"

用影像保护自然——奚志农

先锋档案

奚志农，著名野生动物摄影师、民间环保组织"绿色高原"创始人。

1983年，奚志农经著名鸟类学家傅桐生教授引荐参加了《鸟儿的乐园》的拍摄，并由此开始了野生动物摄影的工作。1989年，开始正式以摄影师的身份为昆明教育电视台拍摄了《母亲河在召唤》《心声》等环保宣传片。1990年，加盟中央电视台《动物世界》，任摄影师。1992年，回到云南林业厅工作。1992年到1995年期间，六次进入白马雪山保护区拍摄滇金丝猴。1995年，致信当时的国务委员宋健并联系民间环保组织，阻止了滇西北原始森林被商业采伐的计划，从而拯救了滇金丝猴的栖息地。1996年，加入中央电视台《东方时空》节目组。1997年，进入青藏高原可可西里拍摄报道藏羚羊。1998年，辞去中央电视台的工作，成为一名全职的环保志愿者和自由摄影师，之后他和妻子史立红一道回到云南，创建民间环保组织"绿色高原"，致力于推进滇西北的生态保护和可持续发展。2002年，成立"野性中国"工作室，以记录中国正

奚志农

在消失的野性自然，努力推动中国自然影像记录的发展；纪录片《追寻滇金丝猴》获得了英国"自然银幕电影节"（Wildscreen Festival）"TVE 奖"。2004 年，创办中国第一个野生动物摄影训练营。2005 年年底至 2006 年年初，先后赴新疆帕米尔高原考察拍摄马可波罗羊，前往可可西里拍摄藏羚羊，至云南高贡山保护区拍摄白眉长臂猿，获得了大量珍贵的影像资料。

奚志农连续十几年来一直致力于中国野生动物的拍摄和保护，他将鲜为人知的国家一级保护动物滇金丝猴展现在大众面前，在他之前，人类甚至不曾拍摄过一幅清晰的滇金丝猴照片。他首次报道了藏羚羊被大肆猎杀的危机以及"野牦牛队"为保护藏羚羊作出的艰苦卓绝的努力，极大地促进了国内外公众对长江源头生态及藏羚羊保护的关注。他首倡举办了中国第一个野生动物摄影训练营，为在自然保护第一线的工作者提供了技术和设备帮助，进一步壮大了以影像保护自然的队伍。他的作品在《中国摄影》《美国国家地理》等国内外知名期刊上大量发表，并且成为各大国际环保组织宣传资料。

先锋事迹

1964 年，奚志农出生于云南大理的古城巍山，从小在草木葱茏、山川秀美的环境中长大，使他对大自然由衷地热爱。1983 年，在云南大学生物系教授、鸟类专家王紫江的引荐下，19 岁的奚志农参与了纪录片、科教片《鸟儿的乐园》的拍摄，那是他第一次接触野生动物摄影。摄制组从动物园请了位技师，让他负责抓鸟、弄顺鸟毛、用绳子将鸟拴在树上，以保证鸟儿暂时不动。当时奚志农就觉得，为什么要这样？旁边也有飞的鸟，为什么不拍？那时候他就立志要拍自由飞翔的鸟。从此，他开始学习摄影。

其后两年间，身为学生的奚志农利用假期多次回到家乡研究鸟类的迁徙，并推动中国鸟类环志中心在巍山设立了一个鸟类环志站点。这是中国唯一一个由民间人士推动建立的鸟类环志站点。

1989 年，奚志农为昆明教育电视台拍摄了《母亲河在召唤》《心声》等环保宣传片。他第一次通过自己的工作，将大众的视线引向生态环保。

1990 年，奚志农成为中央电视台《动物世界》的摄影师，曾两次进入滇南、滇西北的保护区拍摄野生动物。在这段工作经历中，他看到了许多非法捕猎野生动物的行为，这也让他坚定了保护自然的意志。

1992 年，奚志农到云南省林业厅宣传处工作。这一年，时任中科院昆明动物研究所专家的龙勇诚启动了一项为期 3 年的滇金丝猴生物学研究项目。

1992 年 11 月，奚志农开始上白马雪山拍摄滇金丝猴，初次进山，他没找到猴子。后来，他仍然背着沉重的摄影设备一趟趟上白马雪山，一待好几个月，从海拔 2,000 多米爬到 4,000 多米。

1993 年 9 月，奚志农又上了白马雪山，透过落叶松枝，他看到对面坡上一棵突出的冷杉树上有个猴子家族，大公猴端坐在树干上，慢条斯理地啃松萝，两只母猴依偎在它两边，其中一只母猴抱着一只可爱的婴猴，而两只幼猴在玩着它们灵巧的游戏，还不时发出叫声。他将摄像机架在石头上，开机将焦距推到最长。拍下照片的时候奚志农已经泪眼模糊了，他说："找了两年，今天终于找到了！"而在此之前，人类甚至没有拍到过一张清晰的滇金丝猴图片。

1994 年 7 月，他第二次拍到滇金丝猴。经过三年努力，他献出一部纪录片《追寻滇金丝猴》，这部片子是人类第一次用摄影机记录滇金丝猴的活动状况，学术价值和艺术价值极高。这部片子获得全球多个大奖。

1995 年 5 月，任职于云南省林业厅的奚志农听到了一个令他震惊的消息：德钦县为解决财政困难，决定在白马雪山自然保护区南侧，砍伐 100 多平方公里原始森林。在奚志农看来，这片世界罕见的高海拔暗针叶林的毁坏，不仅对滇金丝猴，而且对生长在这里的许多珍稀动植物种类都是灭顶之灾。那时的奚志农刚刚结束对滇金丝猴的艰难追踪拍摄，深知对滇金丝猴保护工作的重要，为了挽救这片森林和金丝猴，奚志农多方奔走。可德钦县的同志们说，他们连工资都发不出了，谁想制止，谁给钱。奚志农给不了钱。最后在朋友的帮助下，他找到著名环保作家唐锡阳，与唐锡阳一起致信当时的国务委员宋健，并联系"自然之友"会长梁从诫，他们将此事披露给媒体，终止了德钦县的商业砍伐计划。这件事使奚志农成为中国环保界的英雄，同时也使他失去了在云南省林业厅的工作。

1996 年 5 月 1 号，《东方时空》三周年特别节目，奚志农成为嘉宾，愉快的合作后，《东方时空》栏目邀请奚志农加盟，于是他来到了北京，在《东方时空》做记者。

1997 年 12 月，奚志农深入

滇金丝猴 1

可可西里无人区，跟随"野牦牛队"在零下几十度的恶劣环境下进行了 20 天的跟踪拍摄，他在格尔木看到了野牦牛队缴获的一批小山一样的藏羚羊皮与头颅。他采集并拍摄了大量关于藏羚羊盗猎和反盗猎的影像资料，并制作成纪录片在《东方时空》播出，在国内外引起强烈反响。这是第一个全面、真实地表现藏羚羊现状和反盗猎行动的电视节目。其后，他撰写了一系列关于藏羚羊盗猎、贩运、贸易情况的报告，并努力促成了关于藏羚羊保护和制止藏羚羊绒贸易的国际研讨会，创办了藏羚网。

1998 年夏天，作为自由摄影师，奚志农参加了由新疆阿尔金山自然保护区和香港中国探险学会联合举行的对藏羚羊繁殖地的考察，他再度深入可可西里，拍摄了惨遭偷猎者猎杀的成堆血淋淋的藏羚羊，有的小藏羚羊还未出生，就被秃鹫从母亲体内拖出来。奚志农用镜头记录了藏羚羊遭偷猎的惨状，这些照

滇金丝猴 2

片被"自然之友"会长梁从诫展示给英国首相布莱尔看，布莱尔决定支持国际性的反盗猎藏羚羊行动，随后全国性反盗猎、保护藏羚羊的活动也展开了。从可可西里回来后，奚志农又带着他的藏羚羊照片到大学演讲，接受媒体采访或是亲自撰写文章，继续着保护藏羚羊的工作。这一年，奚志农在雪山考察营中，结识了比他小7岁的《中国日报》随营记者史立红。后来他们结婚了，结婚后的奚志农夫妇努力营造着自然的生活。他们不用空调，骑自行车，随身带着筷子。虽然中国有越来越多的人士开始关注环保，但他们的心仍然渴望回到真正的自然。

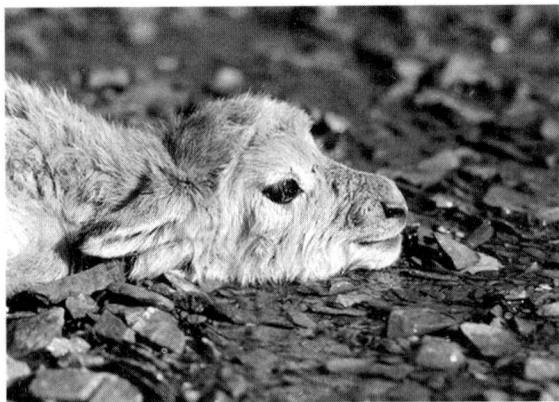

出生不久就倒在血泊中的小藏羚羊

1999年4月，奚志农从《东方时空》辞职，带着妻子史立红回到云南。回到云南后，夫妇俩着手创办了滇西北的非政府组织"绿色高原"。不久他们就有了一个女儿，孩子不满半岁，就被夫妇俩带上了海拔3,000米高的高原。

2000年，奚志农获得中国环保界最高荣誉奖"地球奖"。他是唯一一个评委全票通过的获奖者。他也被评为"2004中国摄影传媒大奖年度摄影人物"。

2002年，奚志农和妻子史立红再次回到北京，创办"野性中国工作室"，以拍摄记录中国野生动物为主要任务。宗旨是抢救性地记录中国的濒危物种和自然环境的变迁，提高公众和政府的自然保护意识，推动中国自然历史题材影像的发展。

2004 年，奚志农创办了"中国野生动物摄影训练营"，并捐出了他代言佳能摄影产品的酬金，全部用于购买摄影装备，向无力购置摄影装备和接受专业摄影训练的野生动物工作者、研究者和摄影师提供装备和专业指导，通过他们在中国推广野生动物摄影，借此提高人们对野生动物保护的关注度。

先锋言论

"其实我也正在努力正在摸索，因为事实上，在国外在西方发达国家，自然和野生动物的这种拍摄，也就是中国的观众看了 20 多年的世界顶级野生动物节目，就是一种产业。如果没有这个产业，没有野生动物制作人以及片商，我们怎么能看到世界顶尖的野生动物摄影师拍摄的节目？中国多年以来，很少有人在这个地方拍摄，这和我们的国情是有关系的。过去饭都吃不饱，而且我们的拍摄，是宣传舆论问题的。"

"这就是影像的力量。用影像保护自然，是我的努力方向。"

公共环保教育专家——李皓

李皓，1957年9月出生。我国著名的公众环保教育专家、国际环境影视公益机构（TVE）中国项目协调员。

1982年，李皓毕业于四川大学生物系生物化学专业。1986年由中国科学院成都生物研究所派往德国，在德国从事免疫生物学研究。1994年，获德国汉诺威大学自然科学博士学位。1995年，李皓回到北京，在北京医科大学免疫系做博士后，研究中草药成分的免疫调节作用。在回国后的一年多时间里，李皓发现，在中国，无论是医务工作者还是普通市民，环境意识都很缺乏。作为一名科学工作者，李皓感到自己有责任做点什么。1996年4月，她出于对中国环境的极度担忧，辞去在博士后流动站的工作，成为环保宣传的志愿工作者，从事向大众普及环境知识的工作。李皓相继在《中国消费者报》、《中国少年报》、《中国青年》杂志、《中国妇女》杂志等媒体开设专栏或大量供稿。从1997年5月起，李皓在国际环境影视公

李 皓

益机构 TVE 中国项目做项目协调员，从事引进国际环境教育影视资料和向中国公众提供这些资料以及其他环境科学知识和信息的工作。1998 年 4 月，成立北京市有用垃圾回收中心。2000 年，被聘为国家环保总局环境使者。2001 年，建立北京地球纵观教育研究中心。2002 年，为北京市 250 个居住小区、大厦和工业区的干部代表进行了有关垃圾科学分类管理的知识培训。2003 年，撰文《SARS 与环境》《走出"非典"阴影从垃圾分类开始》等。

先锋事迹

　　1986 年，29 岁的李皓由中科院成都生物研究所派往德国留学。到德国没几天，李皓的手表没电停了，她顺手将卸下来的纽扣电池扔进了纸篓，德国同学大惊失色，跳起来质问她："你怎么能把废电池扔到纸篓里呢？你是学科学的人，你难道不知道，废电池里面的重金属如果进入自然界，会污染环境吗？"李皓赶忙把纽扣电池从纸篓里拣出来，面红耳赤。她从未想过，小小电池会造成污染！这是她第一次听到环境污染和环境保护这类概念。更让李皓震惊的是，她带毕业实习生时，有一个金发女孩，学习十分刻苦，但就在毕业前夕得了不治之症，而病因正是污染所致。李皓从大量的事实中明白，现代污染是多么可怕。过去的垃圾多是烂菜叶、炉灰渣，而现代化生活产生的垃圾是塑料、废电池、废金属等许多对人体及动植物有害的物质。电池里含有多种重金属，其中镉、汞、铅是毒性重金属排名的前三位。电池表面锈蚀后，重金属进入土壤进而污染地下水，如果被水稻的根部吸收，就会长出镉米来，作为食物进入人体后，不仅造成内脏损伤，还会导致骨质疏松等病症。德国人正是因为看到环境污染对人体健康的危害才更加关心环保的。

　　她在德国时，洗碗的方式就像在国内大学食堂一样，水龙头开到底，哗哗地冲水。一个德国女孩非常严肃地跟她讲："你这样洗碗，我们城市的水会很快就枯竭的。"她很羞愧，从此便改变了洗碗方式。

　　德国人都是随时备一个白色购物布袋，购物时让售货员将东西直接装入袋中。在年轻人举办各种野餐会、聚会和晚会时，大家不再使用过去流行的一次性塑料餐盘和杯子，而以使用瓷盘和玻璃杯为荣。人们选购鲜花时拒绝用塑料膜做包装，选择玻璃瓶装的饮料而不是塑料瓶装的。一次，李皓和德国同学谈论起欧洲灰蒙蒙的天空，她骄傲地对德国朋友说："我请你们去中国的首都北京玩，北京的天空瓦蓝瓦蓝的，人们出去买东西都是自己带网兜，许多散装的商品包装用的是草纸，没有塑料皮，既简单又不污染环境。"

然而，1995 年，李皓回国后，看到的却是铺天盖地的废塑料袋和一次性泡沫餐盒。而且，北京的天空也已经灰蒙蒙的了，星星也看不到几颗了。后来，她在北京医科大学免疫系做博士后，准备研究中草药成分的免疫调节作用，但工作的一年多里她发现欧洲曾经出现的环境问题几乎都在中国重演，医院里经常送来患有古怪病症的儿童。更让她吃惊的是，实验室的科研人员常常将实验用过的药品未经任何处理就倒入下水道、垃圾道内。李皓非常气愤，因为有些药品具有放射性和毒性，而楼下就有人在捡垃圾！

李皓还发现，儿童糖尿病也在中国出现了。当时学校里流行的带夜光的恐龙画册，α 射线超出国家规定十几倍，很可能诱发儿童白血病，中国当时众多的白血病患者可能就是在这样不知不觉中被放射性物质侵害的。

这一切都让李皓为中国的环境状况感到极度担忧，她决定放弃医生的本行。医学告诉她，最有效的办法是预防而不是治疗。

1996 年 4 月，李皓毅然辞职，告别了免疫生物学实验室，作为一名环保志愿者走向了社会。她决定从孩子们的环保教育做起，把全中国的孩子都组织起来成立"手拉手地球村"，听她讲环保课，因为她确信，会有无数的孩子和她一起宣传环保。《中国少年报》开辟了《手拉手地球村》栏目，聘请李皓当"地球博士"，写文章向孩子们介绍环保知识。李皓的文章受到孩子们的欢迎，孩子们从中知道"地球妈妈"生病了，作为"地球妈妈"的孩子，有责任为保护"地球妈妈"做点事。

栏目创办 5 个月后，"手拉手地球村"这个富有儿童情趣的名字，就成为中国少年儿童环保组织的名称。

1997 年，李皓在国际环境影视公益机构 TVE 中国项目做项目协调员，负责组织翻译从国外陆续引进的 200 多部环境教育影视片，然后免费提供给电视台、政府部门和学校。

2001 年，李皓创办了"北京地球纵观环境科普研究中心"，作为国际环境影视集团（TVE）在中国的合作伙伴。该中心的主要目的就是大量地从国际上引进环保科普影片，翻译成中文，免费地提供给社会。那里就像一个环境教育资料库，是开放的、免费的，向需要环保资料的机构或个人借阅资料，包括图书、录像带、图片等等。这个工作李皓一做就是七年，直到 2007 年中国气象局需要大量使用这些资料，而她正好有为绿色奥运宣讲团工作的任务，工作量特别大，要深入多个社区进行宣讲，她便把这个中心注销掉了，把中心所有的影视资料、工作设备、人员与工作模式都移交给了中国气象局。之前，中心每年几十万元的经费筹款工作全部由她来做。李皓现在的工作主要是向公众普及环境科学知识，利用她以前从事生物化学、微生物学和免疫生物学研究奠定的知识基础与科研习惯，李皓把环境科普做得很有特色。她以一个科学工作者的态度来向公众传播环保常识，给北京政府部门和大众媒体写文章，提建议。她希望用科学而简单的方法来帮助北京解决现存的多种环境问题。

2008 年，媒体发布了全国将对塑料购物袋实施收费的消息。一位小学的德育教师给李皓打来电话，说希望李皓发动本校的学生缝制布袋子，去送给家长用于购物。但同学们对此有两点疑惑：一是塑料袋挺方便的，用完即可当垃圾袋使用，禁用了塑料袋，用什么包垃圾？二是使用布袋购物，布袋脏了需要水洗，费力又费水，也不利于环保。

在那位教师的邀请下，李皓去了那所学校做知识讲座。

李皓告诉孩子们，2000 年时，她到日本去参加一个小型环境研讨会，环境记者带她们到东京的郊区去，看一个垃圾污染的例子。那片郊区距东京二三十公里，原本是宁静的林区与生态农业，当地农民一直保留了收集落叶堆肥的老传统，将土地养育得很肥沃，因此，那里出产的农产品曾是东京市场上很受欢迎的有机食品。可是附近有一些小型的垃圾简易焚烧场，焚烧的垃圾中废塑料的比例很大。焚烧场晚上烧垃圾，烟囱中释放出来的烟雾含有大量的二噁英（Dioxin）。二噁英是具有极强毒性的化合物。焚烧含氯塑料垃圾

时，产生的二噁英随烟尘飘散到空气中，然后降落到土地上、水体里，在极低浓度时就能使鱼类、鸟类和其他动物发生畸变或死亡，对人有很强的致癌作用。如果垃圾焚烧厂建在农田附近，含二噁英的尘粒就会直接落到庄稼和蔬菜上。牛吃了这些庄稼的秸秆，生产的牛奶与牛肉都含有二噁英。人吃了受二噁英污染的蔬菜、奶与肉，健康会受到危害，危害之一就是，怀孕时畸胎率会上升，并且还会导致癌症。这些农场本来栽出来的蔬菜非常好卖，结果被查出土壤里的二噁英含量超标200～300倍，媒体公布了这一结果，当地的蔬菜、农作物就在市场上滞销了，使当地农民的损失很惨重。李皓告诉孩子们，她去参观时，事情已经离媒体曝光两年多了，但是当地的农产品仍卖不出去。农民们向政府多次要求关闭那些小型的垃圾焚烧场，但因开在私人的地界上，工厂也属于私人的财产，政府几乎没有办法制止这些垃圾焚烧场继续做危害农民利益的事情。同时由于二噁英在环境中很稳定，发达国家至今还未找到清除土壤中二噁英污染的方法。

听完李皓讲的例子后，同学们对缝制布袋一事表现出了很大的热情。并且针对学生们先前提出的两个问题，李皓推荐了自己的做法：一是包垃圾使用商店出售的正规垃圾袋，这些垃圾袋具有可降解性或燃烧无毒性，对环境危害小，而且买100个垃圾袋只需5元钱，价格能承受；二是洗布袋只需将其与需洗的外衣外裤一同放入洗衣机即可，不必多费水。孩子们听后很赞同，对少用塑料袋不再有质疑。

2009年5月9日，李皓在首都图书馆做了"生态设计与环境效应"的演讲，演讲中她指出人类的工业生产模式应当学习大自然，要搞"废物资源化"，还指出中国环保实施过程中存在的一些误区。

李皓在演讲时给大家讲了日本的一个"废物资源化"的例子。过去日本的废玻璃瓶是当垃圾扔了的，现在他们把玻璃瓶都搜集起来，按照不同颜色分开收集，然后把它们粉碎成渣，作为制造人造大理石的原料。这些大理石破损之后，又能收集粉碎，再次被循环利用。这种不停地变废为宝的生产模式，能让人们总有原料用于生产，却不会对大自然造成伤害。李皓还说："我曾到美国纽约的大都会博物馆参观。我在那里看到了几张古画，使我有些顿悟感。我看到了古埃及的画，发现画面上物体比例有个特点，人被画得特别大，而自然界中的其他物体，比如鸟、兽类却被画得很小。而中国的一幅古画叫《康熙皇帝南巡图》，画面上主要是山、水、树，人被画得很小，我没有找到皇帝在哪里。这幅画体现出，中国的古人们很清楚自己在大自然中渺小的位置。这也是我们能够生存下来的非常重要的一种思维方式：人要顺应自然，要感谢自然给你的一切，给你的山水，给你的土地。仅仅这个例子就能使我们找到这个问题的解释：为什么在这片中华民族生存了五千年的土地上还有原始森林，还有珍稀动物？这是我在德国留学时欧洲朋友问我，而我当时却无法回答的问题。"

李皓每一次的环保课都是用她切身经历的事情和所见所闻来向每一个听众宣传环保。

先锋言论

"当人类过了很多年的所谓现代化生活之后，发现许多环境问题出现了，才开始思考，大自然也在生产，也在死亡，但为什么她总是干净而美丽的呢？原来，大自然的物质有循环法则。"

"我们天天都踩在地球上，我们的物质需求要占用地球多大的面积？这些面积涉及五个方面：能源、淡水、食物、物质消耗和建筑面积。如果每个人都要不断地增加自己的物质消耗，就有可能超过地球的承载力。"

"我想，'绿色奥运'不仅是中国政府对世界的承诺，也是中国老百姓的承诺，这也是对我们整体民族素质的一次检验，相信我们一定能交出一份最出色的答卷！"

"我所从事的不是只对我一个人有好处的事情，而是对大家都有好处。只要影响了一个人对环境的态度，就是我的成功。"

民间环保"执法"者——陈法庆

先锋档案

陈法庆，1967 年出生，原籍是浙江浦江县。2005 年 10 月 8 日，他成为"2005 绿色中国年度人物"20 名候选人之一。2005 年 12 月，他被民政部主管的《公益时报》评为"2005 十大公益人物"之一。2006 年 1 月 16 日，他应邀成为中国区火炬手，代表中国参加第 20 届 2006 年意大利都灵冬季奥运会火炬传递。2006 年 4 月，他荣获中国第一个民间环保奖"阿拉善 SEE 生态奖特别奖"。

陈法庆是一位普通农民，因环保问题屡次将当地政府告上法庭。他为了提高人们的环保意识，自费在电视和报纸上做环保公益广告，并首次以一个农民的名义向国家有关部门递交《环保公益诉讼立法建议书》。他自费开通了个人环保网站"农民陈法庆网"，网站本着

陈法庆

"接受全国各地对生态破坏、环境污染的投诉并在网上公布，反馈给政府有关部门予以查处、视情媒体曝光"的宗旨，监督民间破坏环境的不法行为。

陈法庆的举动得到媒体和社会的广泛关注，《东方今报》、《乡镇论坛》

杂志、《贵州都市报》等新闻媒体均免费刊登署名为"农民陈法庆"的环保公益广告。

先锋事迹

1967年，陈法庆出生在浙江省浦江县程家村一个农民家庭，他14岁辍学后，就做起家禽养殖和船舶运输生意，后来又生产矿山机械配件，日子过得还算富裕。可陈法庆在当地爱管"闲事"是出了名的，只要他认为不对的，都要管，而且还一管到底。

20世纪80年代以来，在杭州市余杭区仁和镇2.5平方公里范围内有大小石矿11家，矿点密集度和年开采量居浙江省第一。但石矿开采生产方式很原始，由于各矿生产车间或露天，或半敞开式，开山炸石所产生的噪音震耳欲聋，排放和工程车运输产生的粉尘遮天蔽日。如果遇上有风的日子，矿区的道路上3米内难见人影和物体。仁和一带的人们在这噪声不断的恶劣环境中生活了二十余年，镇上有一百多名工人得了硒肺病。

从1999年开始，陈法庆就向余杭区当地环保部门反映，但效果甚微，污染问题一直未能解决。环保部门认为当地经济要发展，没办法治理。在多次反映没有结果的情况下，陈法庆决定打官司。为搜集证据，他花8,000元钱买了部摄像机，在石矿企业周围连续拍了5天，拍摄了仁和镇7家石矿企业在开采过程中制造粉尘、噪音的现场情况，镜头的画面中，漫天飞扬的石矿粉尘污染触目惊心！2002年6月，陈法庆将余杭区环保局告上法庭。最终陈法庆输了这桩公益官司，但这个官司经媒体广泛报道后轰动一时，引起时任国家环保总局局长解振华的高度关注。再后来，余杭区环保局和仁和镇政府联合成立粉尘、噪声综合整治工作组，一举减少了80%的粉尘和噪声，使矿区附近近两万人呼吸上清洁空气。并且余杭区政府最终关停了一些污染严重的石矿企业。政府部门也决定仁和镇的矿山到2013年全面停止开采。

粉尘污染刚去不远，陈法庆又发现流经村边的东苕溪，因船舶运输建筑石料而造成溪水严重污染。

知识链接

　　东苕溪是杭州市区和余杭区主要生活水源地，建有两个水厂取水口，流过余杭的东苕溪是跨杭州、湖州两市的一条重要河流，也是杭州市的饮用水源，承担着 130 万居民的生活饮用水。溪边采矿企业的污染、东苕溪航道里运输船舶的污染、溪边农民生活生产污水的污染等，使这个一级水源保护区的生活饮用水和地表水的污染十分严重。

　　于是，陈法庆向有关部门递交《一级水源如此保护》的情况反映书并请求整治，但没有一个部门明确答复。2003 年 12 月 12 日，由于东苕溪污染问题，浙江省人民政府和浙江省环保局被陈法庆推上被告席。他希望和上次一样，达到引起各方重视、改善污染的目的。这次诉讼请求四天后就被法院驳回，法院裁定：由于污染和原告没有直接利害关系，所以陈法庆不具备原告资格，不予受理。这让陈法庆很沮丧，从此他认真学习环保方面的相关法律。他发现，现行的法律法规不健全甚至相互矛盾，而在发达国家，法院对公民个人提起的环保类公益诉讼是立案审理的，于是他就动了向国家立法机关提出环保立法建议的念头。很快，陈法庆写了份报告材料《环境污染法律无奈——关于请求对公益诉讼等立法立案审理的建议》，建议国家修改《民事诉讼法》《行政诉讼法》，对公益诉讼进行立案审理。他还建议修改环保法规，他认为："现行的环境法律对污染者惩罚太轻，治理污染的投入比行政罚款高数倍甚至几十倍，在经济利益的驱动下，污染制造者宁愿认罚也不守法。一些污染企业在当地是'英雄'，是政府的'红人'，在发展经济的口号声中，以牺牲环境为代价，走'先污染后治理''先发展再保护'的弯路。如果长期这样发展，环境污染就不是偶然而是必然现象了。"他把材料寄给全国人大常委会法制委员会、最高人民法院、最高人民检察院、国务院法制办和国家环保总局。这个建议，后来被中国政法大学环境资源法研究和服务中心收去了。陈法庆和他的建议受到了全国政协委员梁从诫的关注。在 2005 年"两会"的时候，梁从诫提交了一份《尽快建立健全环保公益诉讼制度》的提案。梁从诚称，这份提案是受到浙江农民陈法庆的启发。

打官司赢不了，陈法庆就想着，让人们提高环保意识是最重要的。2004年5月6日，陈法庆在家里看电视时，一个有趣的动画片广告激起了他的灵感：何不尝试做一下环保公益广告？第二天，他带上2万元到了杭州电视台，电视台表示可免费播公益广告，但他认为如果免费有人会认为他在出风头，对社会震撼力不大，一定要掏钱！广告的画面非常形象：鸟语花香的青山绿水在一场大火中灰飞烟灭，最后变成了一个巨大的十字架，画面定格为一行大字"善待环境就是善待自己"，落款是"农民陈法庆公益传播"。陈法庆的环保公益广告片播出后，在杭州引起强烈反响，许多市民支持他的行动。为扩大广告受众范围与影响，陈法庆决定把广告做到中央电视台《焦点访谈》栏目前后播出。

2004年5月23日，陈法庆带了5万元坐火车到北京，找到了中央电视台广告部。广告部说做广告最少20万，央视的一个编导对陈法庆的这种想法肯定一番后，最终委婉地拒绝了他。回到旅馆，陈法庆异常失落。他下定决心，既然到了北京，做不成广告绝不回杭州！他又找到《人民日报》广告部主任办公室，他自我介绍表明目的后，《人民日报》决定接下这个单子。广告部负责设计的美编问他有什么具体要求，陈法庆说只有一个，广告画面要体现环保意识，旨在督促政府部门重视环保。原来开价7万元的广告最后打了六折成交。《人民日报》创刊五十多年来，公民个人去做环保公益广告的，陈法庆是第一个。

2004年5月28日，"善待环境就是善待自己"的公益广告在《人民日报》第11版刊出。陈法庆又先后出资13万元，分别于2005年1月11日、2005年6月5日在《人民日报》刊登"善待环境就是善待自己"和"积极为印度洋地震和海啸灾区提供援助，伸援助之手，献关爱之心"的公益广告，并向海啸灾区捐款5,000元。

2005年6月5日，"世界环境日"这天，陈法庆又拿出5万多元，开通个人环保网站"农民陈法庆环保网"，网站的宗旨是"接受全国各地对生态破坏、环境污染的投诉并在网上公布，反馈给政府有关部门予以查处、视情媒体曝光"。

2005 年 10 月 1 日，陈法庆再次出资 4 万元在《人民日报》买下四分之一版面，刊登主题为"热烈庆祝——中华人民共和国成立 56 周年、中国人民抗日战争胜利 60 周年、世界反法西斯战争胜利 60 周年，善待环境、倡导节约——农民陈法庆"的公益广告。与此同时，陈法庆委托中国环境文化促进会从当年 6 月起，在全国 31 个省会城市设置内容同样为"善待环境就是善待自己——农民陈法庆"的环保公益灯箱广告，所有环保灯箱广告在 2006 年年底全部制作完毕。

2006 年 1 月 16 日，陈法庆应邀成为中国区火炬手，代表中国参加第 20 届 2006 意大利都灵冬奥会火炬传递。

2006 年 1 月 22 日，陈法庆被国家工商行政管理总局主管的中国广告协会、《现代·广告》杂志社评为"2005 年度中国广告业影响人物"。

2006 年 4 月，陈法庆获得国内首个民间环保奖——阿拉善 SEE 生态奖特别奖。

先锋言论

"一个人的捐款数有限，登广告看重的是精神上的感召。另外，在全世界人眼中，中国是个发展中国家，尤其是农民很穷很落后，我这样做，是展现有公德、有爱心的中国新农民形象。"

"四不像"的环保人士——郭耕

先锋档案

郭耕，1961年1月出生。自然保护教育科普工作者，现为北京南海子麋鹿苑博物馆副馆长。曾获2000年"地球奖"、2006年"福特汽车环保奖"。

毕业于中国人民大学贸易系的郭耕曾是一名十分成功的商人。但在1987年，他却毅然放弃了前途似锦的商业生涯，去做了北京濒危动物驯养繁殖中心的一位饲养员。1988年，他首创该中心金丝猴繁殖纪录。1989年，他作为中国猴类专家赴爱尔兰工作，著有《世界猿猴一览》一书。

地球上自从35亿年前出现生命以来，已有5亿种生物生存过，如今绝大多数早已消逝。我国由于环境污染导致的损失每年达2,800亿元，物种灭绝亦屡见不鲜。为提醒人们尊重其他生命形式，承认动物生存价值和生命的尊严，1998年，郭耕在北京南郊的麋鹿苑倡导和创建了世界上第一座灭绝动物

郭 耕

墓地，还创建了环保双语椅、绿色行为指南、绿色名言牌。他为青少年编写了《自然保护誓言》《湿地礼赞》《新保卫黄河》等作品及环保戏剧、环保游戏等，利用冬、夏令营，春、秋游和爱科学月组织数以万计的学生环保活动和生态旅游，使麋鹿苑不仅具有生物多样性物种保护功能，而且具备了户外环境教育的条件。1999年中国科普大会已把麋鹿苑命名为"全国科普教育基地"。

10年来，郭耕多次为中央电视台《动物世界》《人与自然》译写脚本，经常利用电视、电台等媒体宣传自然保护，在各大、中、小学进行绿色演讲。多年来在各种报刊上发表环保文章。

郭耕称自己和麋鹿一样，是"四不像"——"像教师不是教师，像作家不是作家，像专家不是专家，像导游不是导游"。

先锋事迹

郭耕从小就喜欢动物，从小到大，家里养过鸡、兔、猫、黄鼠狼、猫头鹰等很多小动物，他将动物当成伙伴儿。

1983年，郭耕从中国人民大学商业经济专业毕业后，进入北京一家贸易公司经商。年轻的郭耕凭借个人的努力，在1年里就为公司创收利润100多万元。那一年，郭耕被评为"北京市新长征突击手"。

虽然在商海中很有成就，但是郭耕对商业生涯已经厌倦了。他觉得那个行业里尔虞我诈、虚情假意太多，自己整天都活在一种不真实里。有一天，他所在的公司要和林业部野生动物保护协会共同筹划建立一个濒危动物驯养繁殖中心。听到这个消息，郭耕突然意识到这是一个很好的实现理想的机会。1987年，他放弃了商场上的成功，到了北京南郊大兴榆垡东胡林当饲养员。第一天上班，领导让郭耕在灵长类和雉类动物中选择一种饲养，郭耕毫不犹豫地选择了灵长类中的金丝猴。每天面对可爱、调皮的猴子，他的工作就是打扫卫生、撮粪、冲洗笼子、切香蕉、蒸窝头这样的重复性劳作。5年里，除了金丝猴，郭耕还养过长臂猿、黑猩猩、猕猴、卷尾猴、蜘蛛猴等南美洲各种大大小小的猴子。

1988 年，郭耕首创这个中心金丝猴繁殖纪录。1989 年，郭耕已经有了丰富的养猴经验，作为中国的猴饲养专家，这一年，原林业部安排郭耕带着他饲养的金丝猴去爱尔兰的首都都柏林展出，与郭耕同去的是一对夫妇——金丝猴壮壮和兰花花。郭耕和金丝猴夫妇受到了热烈的欢迎，都柏林的大街和公共汽车上都贴满了壮壮和兰花花的巨幅海报。在都柏林那段时间，郭耕把精力都放在对外国同行的观摩和学习上。归来时，别人带回家的是国内难以买到的商品，他却花了几十英镑带回几本有关猿猴的资料。不久后，他编著出版了《世界猿猴一览》，为人们更好地认识猿猴、保护猿猴提供了难得的参考书，受到专家的首肯和读者的欢迎。

1993～1994 年，郭耕参加了中美合作"绿尾虹雉繁殖研究"课题，负责野外考察部分，几度赴秦岭、岷山、邛崃山等地与中外专家进行合作，考察金丝猴、羚牛、绿尾虹雉等，课题报告获"林业部科技进步二等奖"。他还曾主持中国野生动物保护协会的"迁地保护中的公众教育"课题，通过生态旅游、动物认养对公众进行环保宣传，被世界自然基金会推荐到印度进行环境教育国际培训与交流。

1994 年，他创建北京濒危动物驯养繁殖中心动物保护教育基地，通过生态旅游、动物认养、组织青少年参观等进行自然保护的宣教活动。

郭耕在驯养中心时间越长，就越发现自己从刚开始工作时只单纯地认为可以从动物身上得到一些乐趣，可以逃避现实，逃避尔虞我诈的商海，到后来开始慢慢地理解动物，它们的一举手一投足、一个眼神一声叫唤，都会触动郭耕。随着与动物的感情越来越深，郭耕就开始思考：凭什么它们在笼子里，我却在外面拿着一串钥匙？这跟监狱长面对囚犯有什么两样？他觉得内心的负疚感越来越强烈。这让他从单纯的爱动物转变到了从伦理角度去关注动物和环境。在饲养之余，他开始向人们宣讲、呐喊，写文章，起草宣言，期待把保护动物和环境的理念深入更多人的头脑中。他开始明白，一个单纯养笼中动物的饲养员帮不了它们，所以他决定要变成一个野外动物的研究者、教育者、保护者。郭耕说，他的工作在 1995 年以前是人面对动物，之后是代表动物面对人。

1998 年，郭耕调到北京麋鹿苑工作。他发现，麋鹿是一个活生生的教材，是我国拯救濒危物种的典型范例。郭耕开始挖掘其中的教育资源，并着手建立麋鹿苑博物馆。

郭耕原来在北京濒危动物驯养繁殖中心饲养黑猩猩时，由于很多笼舍是空的，参观者总爱问："这里的动物哪儿去了？"他便生出一个灵感，在这些空荡荡的笼子上挂起一个个木牌，上边写着刚刚灭绝了的鸟兽的名字和年代，包括灭绝原因。后来这个创意被带到麋鹿苑并有所拓展。1998 年，郭耕在北京南郊麋鹿苑创建世界上第一座灭绝动物墓地——象征物种灭绝现象的"灭绝多米诺"，它是由一块块写有动物名称及灭绝年代的一块压着一块排列的石块构成的，恐鸟、斑驴、爪哇虎一个个倒下，将倒未倒的那块写着"白鳍豚"，其后是一个个著名的濒危动物，华南虎、长臂猿、普氏原羚……往后，在未倒下的现存物种代表中，还有一块写着"人类"，之后是鼠类、虫类。在刻有"世界灭绝动物墓地"的石碑另一面，是郭耕写的墓志铭：我们人类可曾考虑过未来的结局？

知识链接

麋鹿是中国特有的一种珍稀动物，具有"脸似马非马，蹄似牛非牛，尾似驴非驴，角似鹿非鹿"的特点，所以在民间被叫作"四不像"。它们生活在湿地。在中国很早就有关于麋鹿的记载，屈原、庄子、陆游、李时珍，甚至乾隆的很多文字中都有关于麋鹿的描述，所以它跟中国的民间文化有很深的渊源。但是它一直不为西方人所认识，直到 1865 年清乾隆年间，法国传教士阿芒·大卫才发现了麋鹿并将其陆续运往欧洲，从那时起它才被西方人所认识。1900 年，由于八国联军的侵入以及洪灾的原因，麋鹿这种中国特有的物种在中国灭绝了。20 世纪初，英国乌邦寺主人贝福特公爵收集了当时世界上仅存的 18 头麋鹿，从而将这种珍稀动物从濒临灭亡的路上拉了回来。1985 年，在中国环保总局、北京市政府和英国乌邦寺主人塔雅斯托克侯爵的共同努力下，38 头麋鹿种群得以重返故里——北京南海子，并在此建立了麋鹿苑。

在"世界灭绝动物墓地"的旁边，郭耕还在围墙上做了两块题板，上面分别写着："谁是世界上最危险的动物？""这里有世界上最危险的动物。"翻开题板，里面却镶嵌着一面镜子，它照出了最危险的动物——人类自己。

此外，他还颇有创意地设置了环保双语椅、绿色行为指南、绿色名言牌，为青少年编写了《自然保护誓言》。为了唤起人们的环保意识，郭耕还编写了《动物保护行动指南》，组织了麋鹿苑"自然之友"环保冬令营。

世界灭绝动物墓地

郭耕觉得自己不可能改变所有人的观念，但作为一个环境教育工作者，他想尽可能地教育好下一代。这也是在麋鹿苑建"世界灭绝动物墓地"的一个很重要的原因。郭耕说："动物是无言的，自然是无声的，它不会直接反抗我们，但这种反抗会慢慢体现在我们生活的每个角落。比如：我们砍伐森林，换来的结果是水土流失、泥石流，这种天灾就是因为人祸；自然界的鸟都抓到笼子里或者被我们吃掉了，鸟少了，虫子就多了，我们用杀虫剂，用农药喷在农作物上，最后几乎50%的农药残留物就都循环在我们的消化道中。这都是大自然对我们的控诉和反抗！"

郭耕经常去各大学校演讲，通过他的宣传，青少年保护环境的意识有很大的改变。他为了让孩子们和他沟通，讲课时尽量使讲座生动，采取互动的做法。他讲动物的生物性，讲生态道德、环境伦理，讲地球上动物的代际关系，他还与学生们一起唱《老鼠爱大米》《两只蝴蝶》等流行歌曲。他的讲座气氛非常活跃，学生们来信说，郭耕的讲座对自己一生都会有影响。

郭耕在生活细节上也很节俭。他一直没有私车，出行尽量乘坐公共汽车，在当选市政协委员后，积极倡导北京设立"无车日"；他的东西只要能用，不管多旧，他从不丢弃。

除了去各地给各行各业的人们宣讲，郭耕笔耕不辍。从1995年开始，郭耕撰写了《鸟兽物语》《鸟兽悲歌》等书籍，获得多个奖励。

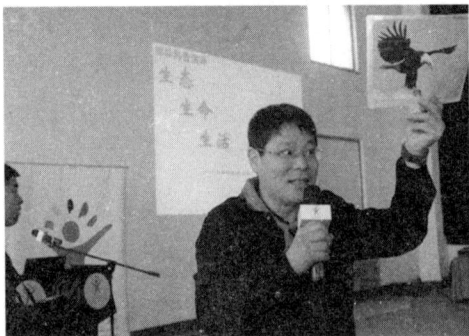
郭耕在讲座中宣传环保

1999年秋天，他受邀在"中国科学家第48期论坛"上作了主题为"围绕物种灭绝开展环境教育"的报告，受到了广泛好评。作为北京市政协委员，他曾经提交了"关于动员社会力量，打击非法猎杀经营野生动物"的提案。2000年1月，他被共青团北京市委聘请为北京青少年志愿科普顾问。之后的几年，他屡次获"国家林业局科技进步奖""地球奖""福特汽车环保奖"等奖项，及"全国科普先进者""北京十大杰出青年"等称号。

先锋言论

"印度人的不杀生给了我很大的启示：保护动物不是要把动物都抓起来研究它们，而是要研究我们人类自己的行为，告诉人们学会如何约束自己。"

"我凝视过许多动物的眼睛，它们的眼神里流露出来的几乎都是对生的渴望。人类总是以为动物可能会进攻我们，便残忍地捕杀大批动物，毁灭它们的家园，害得这些无辜的生灵流离失所、背井离乡。实际上，在动物的眼里，最可怕的动物就是我们人类。"

"从动物身上同样可以赚钱，但并不是把它们杀了，卖它们的皮，吃它们的肉。其实我也从动物的身上得到了很多让一些很功利的人看来是很实际的回报——就是我写动物的文章，赚得稿费。所以野生动物不是不能利用，利用的方法有很多。我们完全可以在不剥夺它们生命的前提下，通过欣赏它们、讴歌它们，从它们身上获得灵感。"

"原始人的很多舞蹈、音乐，都是从自然，特别是从动物中学来的。我们的先人尚且能够与自然、与生灵直接晤面，领承天启，难道我们今天却要视而不见、充耳不闻吗？"

汉江守望者——运建立

　　运建立，湖北襄樊人，民间环保组织"绿色汉江"协会会长。2005 年，获"福特汽车环保奖"，同年被评为"《南风窗》年度人物"。2006 年 4 月 22 日，获得了"地球奖"。2006 年 11 月，她成为"2006 年绿色中国年度人物" 4 名候选人之一，也是湖北省唯一的入选者。

　　作为"绿色汉江"的发起人，运建立带队组织了"徒步汉江襄樊段环保行""徒步唐白河环保行"和"情系南水北调，京津襄环保之友手拉手心连心行动"等活动。她还和"绿色汉江"的成员们跨省促成河南省政府采取行动治理污染汉江的小纸厂。

运建立

　　运建立为唤醒汉水及其支流群众的环境维权意识，几年来，在她的不懈努力下，整个襄樊市的环保氛围日渐浓厚，无论是城市居民，还是居住在汉江及其支流边上的农民，都意识到了保护汉江的重要性。"关爱水资源，保护母亲河"已逐渐变成广大民众的自觉行动。

运建立先后撰写了《水污染治理刻不容缓》《市区空气质量令人担忧》《莫把工业园变成污染源》《尽快规范黄姜加工企业，严防又一大污染源滋生蔓延》《南水北调中线工程实施，应该对襄樊水资源环境损失给予及时补偿》等多份调查报告、提案，多次直接面对襄樊市委、市政府主要领导，积极建言献策。

"绿色汉江"成立七年来，在运建立的组织下先后举办了 25 期环境教育培训班，共有 819 个学校、单位的 1458 位教师及社会各界环保志愿者参加了学习，许多教师返校后从本校抓起，开展了形式多样的环保活动；环境教育进校园、下农村、到社区 493 场次，直接受众达 24 万多人。

先锋事迹

运建立 1985 年从重庆调回湖北省襄樊市后，先后担任过市政协委员、常委，省政协委员，省妇联执委。参加政治工作 20 年的运建立在襄樊市有一定知名度。

2000 年春节过后，时任襄樊市政协常委的运建立在一次调查中听群众反映，汉江的支流滚河受到严重污染。

知识链接

汉江也称汉水，是中国长江的最大支流。它发源于陕西省西南部宁强县北的米仓山，东南流经陕西南部、湖北西部和中部，在武汉市汇入长江。汉江全长 1,532 公里，流域面积 174,000 平方公里。襄樊被汉江穿境而过。

2000 年 3 月，运建立和襄樊市环保局局长到滚河调研。来到滚河边一看，她震惊了，原来的清流，变成了一河黑水，还散发着恶臭。恶臭的滚河水直接注入汉江。污染这条河的，是当地两家小造纸厂。她说："怎么也没有想到还有这么脏的水流入汉江，这样下去，我们如何对得起子孙？"在运建立看

来，一江清澈的汉江水，一直是襄樊人的骄傲。襄樊市的水资源相对缺乏，主要依靠汉水，对襄樊市来说，汉水就是襄樊的母亲河，汉水水质的好坏对全市的工农业生产、居民生活起着巨大的作用，危害汉水就意味着危害自己的生命健康。而且，汉江水要通过南水北调中线工程流到北方去。为了让襄樊市的饮用水健康，同时保证一江清流送到京津地区，从那一刻开始，运建立决定在自己有生之年，尽力保护汉江水不被污染。此时的她已经 57 岁了。从那以后，运建立便把全部精力投在了环保上。

2000 年 4 月，运建立又先后调查了汉江襄樊段的南河、北河、蛮河、小清河等 4 条支流上的 24 个污染源，行程 2,000 余公里。她将调查结果写成了《汉江襄樊段水污染调查报告》，在市政协常委会上宣读。汉江污染的状况开始引起政府相关部门的重视。

2002 年 3 月，运建立看到了电视上报道大学生环保组织的一条新闻，意识到保护汉江仅靠自己和政府部门是远远不够的。2002 年 10 月，在得到省、市环保局的肯定后，她联系了几位市政协委员，发起并成立了襄樊环保协会——绿色汉江，这是湖北省首个民间环保组织，到目前为止也是汉江流域唯一一家民间环保组织，她担任常务副会长，从 2005 年起担任会长至今。

"绿色汉江"成立后，运建立就将工作重点放在了环境教育和环保宣传上。在运建立的指导和带领下，"绿色汉江"的成员根据不同地点、不同听众，到校园、下农村、进社区，因人施教。运建立给农民讲课时，尽量讲得通俗易懂，很受农民欢迎；她给工人讲课时，说工厂要走可持续发展之路，不能以牺牲环境为代价来发展经济；给青少年讲课时，她告诉孩子们环境问题就在身边，并告诉孩子们要从小争当环保小卫士，长大后担起环保重任；运建立给市民讲课时，告诉市民要将环保作为一种先进的生活方式，养成现代文明习惯，并在日常生活中加以追求，在一言一行中注重培养，不购买不环保的产品，努力改变家庭的消费行为。运建立和"绿色汉江"成员的努力，唤醒了许多民众的环保意识。很多人认识到环境问题就在身边，开始了节约用水，一水多用。许多小学生主动在课桌旁挂个垃圾袋，不仅自己不乱扔垃圾了，回家还要求爷爷奶奶、爸爸妈妈不乱扔。许多人要求加入"绿色汉江"，他们以运建立为楷模，以当环保志愿者为荣。在襄樊市，许多干部、市民亲切地称运建立为"环保运大姐"，小朋友叫她"环保奶奶"。

为了更好地开展环境教育，运建立四处收集环保资料，认真阅读、记笔记，整理、自编了各种讲课稿，针对不同的听众采用各种不同的讲法，颇受欢迎；为了扩大宣传内容，上北京开会时，她到"自然之友"等各NGO组织求援，每次都背回一大包书籍或图片，回来后制成图板，在全市各学校、社区、农村进行环境警示教育。

要保护汉江，就要直接了解母亲河的全貌。2003年4月底，60岁的运建立组织环保志愿者开展"徒步汉江襄樊段环保行"活动，她从200多名报名者中挑选了26人，组成了两个考察队，用10天时间，走完了195公里的行程。沿途查看排污口，采集水样，宣传环保，群众反响热烈，对汉江的环境保护起到了积极的促进作用。那一年，运建立带领"绿色汉江"开展各种环保宣教活动达41次之多，有36个学校、社区和农村的16,800多人观看了环境图板、听了环保讲座。当年底，该协会荣膺"襄樊市民间组织先进单位"，运建立被评为先进工作者。

南水北调中线方案的实施，直接关系到北调水的清洁，就是在北京，也有很多人不知道襄樊在南水北调中的角色地位。为了让北京、天津的民众真正了解对南水北调中线工程调水作了贡献，同时又遭受了重大损失的汉水中下游（湖北襄樊市），2003年8月，运建立陪市委宣传部长马黎等人专程赴京，充分发挥民间外交优势，邀请了京津地区12个组织15位专家来樊，启动了"情系南水北调，京、津、襄环保之友手拉手、心连心行动"，三地环保之友还共同发出了"情系南水北调，保护水资源，共建美好家园"的倡议，表示"同饮一江水，共谋发展路"。

2004年，"绿色汉江"的一名志愿者从媒体上得知唐白河受到严重污染，于4月致信河南省委书记。后来，运建立亲自到唐白河调研时，得知翟湾村村民因饮用污染水，导致癌症高发。

运建立根据徒步考察收集到的资料、观察到的问题，写了《唐白河污染

调查及建议》的调查报告，向省、市反映，呼吁加大跨区域水污染的治理力度。2006 年 4 月 21 日，运建立到北京人民大会堂领"地球奖"提名奖的时候，她就唐白河污染问题当面向河南省环保局局长王玉国提意见。

运建立还直接写信给国家环保总局，国家环保总局领导很快批示了信件，并让《中国环境报》驻河南记者站站长到翟湾村调查。他们调查完后发现那些小造纸厂都是晚上排放污水，记者们都相信了运建立给国家环保总局所说的是事实。翟湾村全村 3,400 多人，村民饮用水是压水井抽取的浅层地下水。由于白河水质常年呈劣五类，地下水也受到污染。几年中，这个村里先后有 100 多人患病死亡。当年 9 月，国家环保总局监察局专程进入河南内乡、邓州、新野等地实地调研。随后，河南省环保局和南阳市人民政府印发文件，要求严肃查处违法行为。

2005 年底，全国启动了"村民安全饮水工程"，运建立得知后四处奔走，才使翟湾村成为最后的 100 个项目之一。后来，她又多次找到省、市委介绍该村的情况，省、市委决定对该村进行资金扶持，并随后启动了翟湾村深井工程。不久后她接到通知，该村被列入的国家项目要延迟到第二年 2 月份，还要将项目情况在北京布展，并经世界银行评定后，资金才能到位。

在北京布展时，她带去了翟湾村一瓶污水、一把黑泥、一截压水井的井管和翟湾村 368 个鲜红的求助手印。最终，该村成为最后获得世界银行支持的 30 个项目之一，并且是最高等级的 10 个项目之一，获得了 3 万美金的资助。

2006 年，运建立在唐白河边的翟湾村、刘湾村成立了由村干部、村民、教师、学生组成的水质监测小组。她告诉监测小组的成员，发现水质问题马上给她打电话。

在运建立的呼吁下，翟湾村村民饮水问题得到省、市政府和有关部门的高度重视。运建立向"中国发展市场"申请到 3 万美元，省、市政府也拨出专款，为翟湾村打饮水深井。2006 年 6 月，全村村民饮用上了安全水。富余的水，还可供王集、黄岗村的 6,000 多村民饮用。

知识链接

　　唐白河是汉江中游的最大支流，由唐河、白河汇集而成，两河在双沟镇交汇后称作唐白河，在襄阳市区流入汉江，流域面积 24,215 平方公里。自 20 世纪 90 年代以来，位于上游河南省境内的多家工厂向河里大量排放污水，导致水污染不断加剧，特别是白河，水质严重恶化。

　　2007 年底，在国际河流保护联盟的资助下，"绿色汉江"购买了一艘二手船，经过维修，成了我国第一艘民间水质监测船——"绿色汉江号"。现在，运建立经常会带着襄樊市市民乘船考察汉江的情况。

　　2008 年，运建立带领"绿色汉江"争取到日本政府"利民工程"无偿捐助 1,000 万日元，援助"襄阳区朱集镇刘湾村安全饮水工程"建设项目，加上地方配套资金 293 万元，兴建起一座日供水 2,000 吨的自来水厂。后来"襄阳区朱集镇刘湾村安全饮水工程"建设项目启动，工程完工后可解决朱集镇刘湾、三合、袁湾、郝湾、潘湾、路庄 6 个村共 1 万多人的饮水安全问题。

　　2009 年 3 月 8 日，运建立组织"绿色汉江"联合《襄樊晚报》发起了"关爱水资源，保护母亲河——为母亲河洗脸"特别活动，通知是在 3 月 4 日发出的，3 月 8 日当天，来参加活动的市民超过了 1,500 人，其动员能力让来"绿色汉江"访问的美国河流保护联盟的友人都大吃一惊。

　　运建立 7 年来带领"绿色汉江"的成员先后进行了 400 多场讲座、宣传，听众达 20 多万人，发放各种宣传资料 5 万多份。他们先后办了 20 期环境教育培训班，培训了 800 多个学校（单位）的千余名教师和环保志愿者。

　　到今天，"绿色汉江"有了一定的知名度，并且加入的志愿者也越来越多。运建立常说："保护母亲河的工作只能算刚刚开始，尽管取得了一点点成绩，这首先要感谢国内外 NGO 良师益友的帮助，感谢政府的理解、支持，感谢社会各界民众的关注，更感谢所有志愿者的努力和奉献。前面的路还很长，而且会坎坷不平，我们大家还要携手并肩、真心实意、身体力行，一步一个脚印，不断为保护母亲河竭诚尽智，不断把环境教育进行下去，不断地深入到山区、到汉水两岸、到边远农村，发动全体民众，保护环境、保护母亲河要世世代代做下去。"

先锋言论

"我们不是救世主，只有当地的民众行动起来，自发地保护身边的河流和环境，生态环境保护才会有希望。"

人与环境知识丛书

淮河卫士——霍岱珊

先锋档案

霍岱珊，民间环保组织"淮河卫士"创始人。

从 2004 年开始，霍岱珊先后成为央视"十大法制人物"候选人，获得"第二届全国十大社会公益之星"称号、"中国民间环保优秀人物"称号、首届"中国生态小康论坛十大贡献人物"奖。2007 年底，他获得"2007 绿色中国年度人物"个人奖。

霍岱珊原是一名摄影记者，他为了考察淮河污染问题辞去工作，独自走过淮河沿线 20 多个县市，自淮河源头到淮河尽头行程 4,000 多公里；他自费拍摄了 15,000 多幅有关淮河流域水污染的作品；他义务向淮河两岸的农民宣传环保知识，在全国各地办图片展览和讲座，频频在全国各地呼吁拯救淮河。

1999 年，他拍了一张沙颍河岸边一所中学里学生们因抵御臭气不得不戴着口罩上课的照片《花朵拒绝污染》，被全国多家媒体转载，这张照片向全国揭穿了淮河治污达标的谎言。2000 年，他拍摄的《污染造成肿瘤村》照片引起了外界对沙颍河污染的关注，因此淮河治污 10 年后重回起点。

霍岱珊

他的努力引起了政府和国内外环保组织的高度重视，从而加大了对淮河的治理力度。在他的监督下，一批高耗能、高污染、偷排放的企业被政府关停和整改；在他的呼吁下，政府拨专款给污染区域的村庄打了深井、安装了滤水机。

2003年10月，他创办了淮河流域第一家民间环保组织"淮河卫士"，并建立了"淮河水系环境科学研究中心"，长年监测淮河水质。10多年来，他用尽了20多万元的家庭积蓄，投入淮河水污染治理的各项环保活动。国家环保总局称霍岱珊是他们"放在淮河的一双眼睛"。

先锋事迹

霍岱珊是河南周口市沈丘县人。沈丘曾是灌溉工程示范区，只要开闸，沙颍河里的水可以流到每一个村庄的每一片土地。霍岱珊的家就在淮河最大的支流沙颍河畔，小时候他经常在河里洗澡，但从20世纪80年代后期开始，沙颍河河水开始变黑变臭，再往后，死鱼死虾开始成片地漂在河边。当时那个四通八达的水利网络成了沈丘的噩梦。沈丘一个村的两条巷子里家家都有癌症病人。从80年代末开始，霍岱珊就不断向有关部门反映沙颍河的污染状况。

1994年，国务院颁布了《淮河流域水污染防治条例》，提出1997年污水排放达标和2000年水质变清的治理目标。

1997年底，在《周口日报》当摄影记者的霍岱珊在报纸上看到淮河流域治污达标的报道。然而霍岱珊在实地考察中却发现污染并未缓解，沙颍河依然污染严重，河里仍是黑水、死鱼和臭气。对谎报达标的内幕，知情人很多，但大多都是私下议论，霍岱珊也觉得是一些反映渠道出了问题。当时，担任沈丘县某基层领导的倪安民是霍岱珊少年时的伙伴。倪安民曾在乡镇长会议上拍案而起，拒绝执行县里规定的统一口径，痛斥弄虚作假，并为水污染一事多方奔走。有一天，上访的群众带着被污染的淮河水去找他，倪安民说他正在向上级反映，但是百姓非让他亲口尝尝污染后的水。倪安民当众喝下了黑乎乎的被污染的水。后来，倪安民就患了食道癌，霍岱珊去看望倪安民的时候，他要求霍岱珊全身心投入地为老百姓说话，霍岱珊答应了。再后来倪安民就去世了。

知识链接

　　淮河发源于河南省西部的桐柏山，流经豫、鲁、皖、苏等省，全长1,000多公里，汇集580多条支流，流域面积27万平方公里，人口约1.8亿，为中国的第三大河。淮河的水污染是与工业发展同步产生并渐进式加剧的。过去，淮河流域以农业为主，河水清澈见底，随时都能饮用。而到了20世纪80年代末90年代初，淮河水的污染已达到令人触目惊心的程度。生态灾难成为淮河新的最主要的灾难。淮河上游的沙颍河、涡河等支流相继开闸放水，滔滔黑水，浊浪翻滚，臭气冲天，在淮河干流形成155公里的黑色污染团，造成河水中的主要污染物指标在平时的基础上增加了7倍。污水团所到之处，一切生物遇毒皆亡。其实早在1995年，国家就决定要治理淮河，到1997年实现沿岸企业排污达标，2000年水质变清。

　　霍岱珊认为，如果任由这种弄虚作假之风蔓延，整个淮河流域水质会越来越坏。作为一个记者，他知道，揭露真相需要铁证。1998年，霍岱珊从报社辞职。辞职后，他开始对淮河全流域进行摄影考察，他依靠乘车、徒步以及骑自行车走过了淮河沿线20多个县市，自淮河源头到淮河尽头行程4,000多公里，走遍了淮河流域大大小小200多个村庄，他自费拍摄了15,000多幅有关淮河流域水污染的作品。考察当中，霍岱珊成了当地许多村民的好朋友，通过这些朋友，霍岱珊也掌握到了大量淮河受污染的信息。如当地百姓在反映水污染问题时，几乎都提到了日常喝水难的问题。当时很多年轻人在外上学、打工时身体正常，但每逢回家后，就开始拉肚子。霍岱珊的调查表明，治污达标是一个由很多人联手制造的大谎言：有的工厂直接抽取地下水，冒充已经处理过的污水应付检查；有的地方从集市上买来活鱼，放到河里，然

后再用网捞出来，以证明水生态已经恢复……霍岱珊把这些记录下来，向当地环保部门反映，但有些部门很不重视。

1999 年冬天，在离沙颍河不足百米的一所中学，臭气熏天，霍岱珊拍下了孩子们为抵御臭气而不得不戴着口罩上课的照片《花朵抗拒污染》，其后来被多家媒体转载。触目惊心的照片通过媒体进入人们的视野，淮河治污达标的谎言在事实面前被揭穿了。随后中央电视台做专题节目报道，将淮河污染非常严重的事实进一步向公众披露，引发社会各界关注。2000 年 6 月 5 日，中央电视台特意邀请了照片中那位戴着口罩上课的小姑娘乔佩冉，让她面对全国亿万观众控诉水污染给人们带来的灾难。

2000 年 6 月 7 日，河南省一位副省长从电视上看到《花朵拒绝污染》的照片后，轻车简从来到沈丘，到照片中的那所学校和学校附近的村子进行暗访。暗访结束后，他当场表示：一是加大淮河水污染治理的力度和环保投入；二是从省里拨资金，尽快为村里打一眼深水井，让村民都能喝上自来水。

后来，霍岱珊在考察的过程中到了一个叫黄孟营的村庄，当地老百姓反映水污染之后，地下水因为污水渗透已经严重污染，但这种散发着恶臭气味、含大量致癌物质的井水仍被居民饮用。几年下来，该村成了"癌症村"。2000 年，霍岱珊以这个村庄为题材拍摄的一组《污染造成肿瘤村》的照片获得由中宣部、环保总局等主办的"环境警示教育图片展"大奖，引起了外界对沙颍河污染的关注。和黄孟营村情况相似的，还有北郊乡的东孙楼村、孙营村等 10 多个行政村。

2001 年，霍岱珊成立了民间环保组织——淮河卫士，志愿者里有农民、退休老干部、教师、专家学者、律师和大学生。

从 2003 年开始，霍岱珊挑选了淮河生态图片 120 多幅，制作成 105 块展板，以"淮河家园的呼唤"为主题，先后在北京、河南、安徽、江苏、湖北等高校和沿淮城市进行展出，看过这些照片后的淮河流域的人们知道，污染已经到了非彻底治理不可的时候了。同时，他还举办了主题为"淮河——两亿人生命之所系"的演讲，受众超过 100 万人次。

2003 年 10 月，霍岱珊成立了"淮河水系生态环境科学研究中心"，从此掀起了淮河环保热。"淮河卫士"环保组织每到一地都有志愿者加入。后来在做淮河水污染公众监控网络时，每个地方都有当地人成立小组，他们每天都会到河段去查看工厂的排污情况。志愿者以大学生、退休干部、退休教师为主，各行各业的都有。

在霍岱珊和环保志愿者一次次的呼吁下，沈丘县最早关闭了境内 15 家小型企业，成为当地近年来环保工作最为突出的地区之一。

2004 年 7 月，周口市政府出资 90 万元，为黄孟营村打了一口深达 400 多米的深水井。美国博爱救助基金会向另一个癌症高发村——东村楼一次性捐赠了 350 台饮用水过滤器。

在霍岱珊和志愿者的呼吁努力下，国家为沈丘县打深水井 46 眼，13 万人喝上清洁水。他们还为"癌症村"争取到部分救助资金和项目，并且每家每户安装了滤水器，发放了治癌药品，救助癌症患者 200 多人。国家根据他反映的情况，决定每年拨款 4,000 万元为污染区打深水井，第一批打井款已到位，数以万计的农民喝上了清洁水。

2007 年，霍岱珊获得"2007 绿色中国年度人物"个人奖，霍岱珊是基层民间环保组织中的唯一获奖者。

在颁奖现场，央视主持人白岩松宣读的颁奖词是："10 年来，霍岱珊以一个普通公民的力量推动淮河治理，为世人所关注，他对于环境与健康的前瞻式呼吁，也为现实所验证。他的参与验证了民间力量能够成为政府监管的重要补充。"

先锋言论

"我不是激进的环保主义者，而是一个行动者。我注重于环境的改变，努力把一切不可能改变为可能。"

"在法律许可的框架内，采取合法的环境保护活动。我认为我很温和，但有人还是认为我是一个斗士。"

藏羚羊守护者——才嘎

才嘎，1952 年出生于青藏高原腹地的玉树县。1968 年从军，历任参谋、武装部副部长、部长、政委等职。1997 年任曲麻莱县副县长。1998 年起任青海可可西里国家级自然保护管理局局长至今。多次荣获全国自然保护区和野生动物保护先进个人。2006 年，成为"感动中国"候选人，2007 年获"全国道德模范敬业奉献模范提名奖"。2008 年当选奥运会第一棒火炬手。

在可可西里自然保护区建立初期，武装盗猎藏羚羊和公开买卖、运输藏羚羊皮的犯罪活动十分猖獗，藏羚羊等野生动物的生存环境由于大规模非法猎杀遭受严重破坏。当时，保护人员没有住处，没有交通和通信工具，没有武器装备。几年来，才嘎带领保护人员不间断地开展大规模反盗猎斗争行动，破获盗猎犯罪案件 107 起，抓获犯罪嫌疑人 300 余人，其中重大、特大刑事案件 22 起；清理偷采沙金人员

才嘎与藏羚羊

7,200多人；阻止和驱逐偷捞卤虫人员9,800多人；他率领反盗猎队伍，组织巡山240次，行程60万公里；收缴藏羚羊皮近4,000张。在可可西里4.5万平方公里的无人区，他为了保护藏羚羊等珍稀野生动物及其生存环境，将生死置之度外，率领保护人员与武装盗猎分子浴血奋战，他始终用一个藏人的赤胆忠心守卫着藏羚羊，守卫着青藏高原。他为保护可可西里，作出了巨大贡献。

为了支持和积极参与2008年北京奥运会，同时通过奥运会宣传生态和野生动物保护，提高全世界人们珍惜环境、关爱地球的意识，才嘎提出将藏羚羊确定为2008年北京奥运会吉祥物的构想。在青海省政府、玉树藏族自治州州委州政府的大力支持下，藏羚羊"迎迎"终于成为北京奥运会吉祥物之一。

先锋事迹

才嘎一岁多时，父亲就不幸病逝了，他从此跟着母亲在青藏高原的深山和草原上一天天长大。

参军改变了才嘎的命运。16岁那年，只读过几年小学的才嘎报名参军，在部队里他先后当过排长、连长、参谋、科长、武装部长、政委等。在军营的32年间，他走遍了可可西里，对可可西里也有了足够的了解。

1990年，才嘎转业到了曲麻莱县当副县长，主管环保、公安工作，目睹了残暴的盗猎者对可可西里藏羚羊的疯狂猎杀。

知识链接

可可西里，藏语意为"美丽的少女"。它位于喀喇昆仑山以东、青藏公路以西、唐古拉山以北、昆仑山以南。可可西里是片人迹罕至的青色山脉，这里本是藏羚羊的乐园。每年6月，成群结队的藏羚羊翻过昆仑山山脉和一道道冰河，历经艰险，奔跑在海拔4,000米以上的高原上。但好景不长，没有多久，人们发现了可可西里的宝石和沙金，发现了湖里有可以卖高价的卤虫，大批的人就跑到可可西里地区挖金、找宝石、捞卤虫。推土机轰隆隆地开进草原，开进藏羚羊的栖息地，大片大片的草场被毁掉了。后来，人们又发现藏羚羊也是"生财之道"，于是又开始猎杀藏羚羊，使得藏羚羊这种青藏高原独有的珍稀动物由 100 万只降到了目前的几万只。

为保护可可西里的藏羚羊，1994 年 1 月 18 日，索南达杰在与盗猎分子搏斗中牺牲。曲麻莱县和索南达杰所在的治多县仅一江之隔，才嘎目睹了一车车被缴获的藏羚羊皮，看到了为藏羚羊流血牺牲的同志，才嘎看到许多人都在哭泣，而他决定要做点什么。

1996 年，正是曲麻莱县换届选举的时候，才嘎提出退出县长竞选，并主动要求到刚刚成立的可可西里自然保护区管理局工作。

1997 年 5 月，才嘎正式调到可可西里保护区管理局任局长，才嘎接手的家当只有一辆破旧的类似手扶拖拉机的吉普车、1 万元欠债、21 名反盗猎队员，还有两间租来的房子。才嘎先把办公地从租房里搬了出来，建立了独院"大本营"；然后军事化地训练队伍，组织人员学政策、学法律、学环保知识。

随后，在玉树藏族自治州的支持下，他们在五道梁建起了第一个前沿保护站，在保护区周边和 109 国道开展路查，打击倒卖、运输藏羚羊皮等违法犯罪活动，并组织保护人员救护各类野生动物。之后又陆续建立起不冻泉、楚玛尔河、沱沱河、卓乃湖 4 个站，封锁住了可可西里的各主要关口。才嘎带领保护人员不间断地开展大规模集中整治行动。

反盗猎队伍每年都要在 4.5 万平方公里的可可西里核心区内巡逻十几次，每次少则一周，多则半个月。队员们在天寒地冻的保护区内风餐露宿，都不同程度患上了风湿性关节炎和各种心肺疾病。

由于才嘎与队员们的装备落后，而盗猎者们有从国外贩来的枪支弹药，有越野车和步话机，他们明目张胆地捕杀藏羚羊。才嘎他们只能靠设路卡查拦截盗猎者，堵住被杀的藏羚羊的出口。当时才嘎一支枪也没有，赤手空拳无法对付真枪实弹的盗猎者。他便向上级申请配发枪支，但批文迟迟未下。

才嘎铁下心来，向玉树藏族自治州州委领导陈述了反盗猎斗争的严酷性，终于借来两支枪，开始与盗猎者展开面对面的斗争。

1997年到2002年，是盗猎者很猖獗的时期，才嘎亲手将不少盗猎者送进了监狱，很多盗猎者对才嘎是又怕又恨。

盗猎分子私下打听最多的一件事就是："才嘎在不在?"才嘎接到过不少恐吓电话，对方语气都很凶狠，恐吓才嘎"不要变成索南达杰"；也有人给才嘎送钱，要他放人放东西。才嘎说："我断了很多人的财路，但我没有怕，我的性格就是要跟他们比个高低，把工作干下去。"

1999年夏天，管理局查获一起盗猎案，缴获88张藏羚羊皮，抓了4名盗猎分子。结果，他们的同伙闯进才嘎的办公室，七八个人持刀围住他吼叫："要么放人，要么把你的脑袋交给我们。"才嘎没有丝毫畏惧，叫来一名队员："你马上打电话给公安局，叫他们来抓人。"盗猎者见势不妙赶紧跑了。

2001年6月5日，才嘎接到一个报告，有一伙武装偷猎者从新疆与青海交界的花土沟进入可可西里保护区。格尔木到花土沟有800公里远，开车要跑20多个小时，才嘎立刻带了3辆车9名队员驱车行驶20多个小时赶到花土沟后，却没有发现偷猎者的踪迹。他们继续搜索，在第三天发现了偷猎者的车辙，沿辙印继续找，9名队员轮流开车，一刻也不停，大家啃干饼子、喝路上的凉水，又是两天，仍不见人影。到了第五天，所有人都开始拉肚子，因为他们连停车烧水的时间都没有，渴了只能喝路边的河水。第六天凌晨，他们终于追上偷猎者。偷猎者发现他们后，一边逃跑，一边向他们开枪。才嘎带领队员加大马力猛追，最后把偷猎者全部擒获，并缴获了3支猎枪和1.8万发子弹。他们如果得手，几千只藏羚羊就死在他们手里了，而且那时都是来产崽的母羊，死1只就等于损失2只。才嘎说："这次行动6天6夜没合眼，大家都累坏了，但避免了一场藏羚羊的大灾难，大家觉得很值!"

才嘎意识到，可可西里有4.5万平方公里，光靠保护区管理局的5个保护站、几十号人来保护是很困难的。

随着国家更多地关注西部生态的良好趋向，才嘎想到要走出去宣传，让美丽的可可西里亮相全国，让更大范围、更多的人关注和参与可可西里的保

护。于是，才嘎来到北京开了个新闻发布会，他在会上介绍了美丽的可可西里和珍贵物产，并把可可西里遇到的尴尬和危机告诉大家，他呼吁全国人民支持可可西里的保护！他的演说感动了在场的人，北京各大媒体的记者们随后在媒体上发表了不少文章。此时，爱立信（中国）有限公司做出了捐助可可西里的一项决定，表示分三年捐赠200万元的资金和装备给可可西里保护区管理局。2001年3月，首批捐赠的50万元和6辆北京"战旗"吉普车顺利抵达可可西里。一年之后，第二批捐助到位，同时又有一些单位参加到捐助可可西里的队伍中来。才嘎第二次去北京召开新闻发布会，把在可可西里拍摄的600多张图片，做成了150多块展板，在"新世界广场"门前当街展示。他呼吁全社会都来关注可可西里，携手反盗猎。藏羚羊与可可西里的命运，引起北京市民的强烈反响。许多人对盗猎者的残忍义愤填膺，对可可西里卫士们的艰苦生活和英勇壮举表示同情和钦佩。接着，才嘎又乘势在新华网上发布公告，招募志愿者加盟可可西里保护区。公告一出，立即得到全国范围

才嘎成为北京2008年奥运会的火炬手

内众多人的响应。随后，"巡展"又到石家庄、济南、青岛、杭州、上海等8个城市进行了15场展览，参观者总计达到23万多人。

2001年，中国申奥成功时才嘎就想到了要把藏羚羊当做奥运吉祥物，因为他一直觉得，单靠宣传保护藏羚羊力度不大，影响太小，最好跟奥运捆绑在一块宣传，效果就大了，于是他就开始了申报藏羚羊为吉祥物的策划和初步宣传工作。

2003年，奥组委通知各地可申报吉祥物时，才嘎立即通过玉树县申报了藏羚羊。后来，他以人大代表的身份向省人大提出了这个申报计划，获得了省

人大和省委省政府的大力支持。

在才嘎的努力下，藏羚羊"迎迎"成为 2008 年北京奥运会的吉祥物之一，深受人们的喜爱。

2008 年 6 月 23 日上午，才嘎作为格尔木站首棒火炬手，高擎象征和平、友谊、团结、进步的奥林匹克圣火，从盐湖广场主席台起跑。

才嘎永不放弃与不断探索的精神，激励着保护队伍茁壮成长，也感召着全社会对可可西里、对生态环境的关爱。

先锋言论

"可可西里就是我的情人，是我生命中最重要的部分，我会一直守护着她。"

"动物也有生命也有感情，它们应该享受与人类同等的权利。"

"可可西里是我最爱的地方，这 6 年时间是我人生中最艰苦的一段，也是最有价值的一段！"

沙漠植树人——米启旺

　　米启旺是鄂尔多斯高原的西南端毛乌素沙漠地带的麻黄套村的一位农民，24 年来，他带领全家治沙造林 27,000 亩，已控制流沙面积达到 37,000 亩，他把所有的精力和绝大部分收入及贷款都用在了造林治沙项目上，先后投入近 50 万元，欠外债 10 万元，治沙造林不仅没有致富，反而让米启旺的家境陷入困境。尽管如此，他仍不改初衷，坚持治沙到底。米启旺造林治沙事迹惊动了国务院和地方各级领导，他成为鄂托克草原上家喻户晓的治沙英雄。

　　由于米启旺因地制宜种植各种树木，成活率较高，初步控制了"沙进人退"的局面，改善了当地生态环境，保护了地表水资源。以林促林，以林促牧，项目规划较为科学，具有可持续性。2005 年，米启旺获得第六届"福特汽车环保奖"自然保护类三等奖。

米启旺

先锋事迹

米启旺居住在鄂尔多斯高原的西南端毛乌素沙漠地带的麻黄套村，那里居住环境恶劣，十年九旱、沙近人退，米启旺决定通过治沙造林改善当地的生态环境。

1985年，从米启旺把鄂托克前旗与宁夏回族自治区盐池县交界处的7,000亩沙地承包下来开始，他就带领全家开始了大规模治沙造林。到了1986年春天，他种下的柳苗有80%发芽抽绿。在劳动实践中，他不断总结和摸索，寻找到了既省力气，又提高效率的新方法。

知识链接

鄂尔多斯市西部（包括鄂托克旗大部和鄂托克前旗、杭锦旗的部分）总面积约2.1万平方公里，占鄂尔多斯市总面积的24%以上。该区地势平坦，起伏不大，海拔高度1,300～1,500米。这里气候干旱，降雨稀少，年平均降水量在200毫米左右，属典型的半荒漠草原，部分地区有不少风积沙。

国家农村金融政策调整后，米启旺贷到9,000元的贷款，他把全部的贷款都投在了造林上。就这样，米启旺和家人含辛茹苦的劳动没有白费，流沙控制面积已有37,000亩，实际造林面积已扩大到27,000亩。昔日的荒沙已经变成了绿洲，而且已有三四万株的成材林，有力地改善了当地的生态环境。然而，二十多年来，生态环境虽然改变了，但米启旺一家人不仅没有因为植树造林致富，反倒因为植树投入欠债近10万元。市林业局领导和自治区林业厅厅长高锡林考察完后指出：米启旺这种植树造林行为对他本人来说，只有付出没有回报，这是一场只有生态效益而没有经济效益的劳动，我们各级政府一定要给予积极的关怀和支持。副市长杨占林望着米启旺已经成林的绿洲和那破烂不堪的住房感慨地说，老米的这种精神，不仅要宣传，而且还要从

物力和财力上支持他。

而米启旺无怨无悔，他经过二十多年的实践和思考，找到了一条合作治理、互助发展的新路子。总结多年的经验和教训，米启旺深刻地意识到在产生环保效益的同时，必须产生经济效益，这样才能实现良性循环，让投入与产出成正比，真正为未来项目的扩展打下坚实的基础。后来，米启旺组织注册了"二道川乡启旺治沙协会"，在自身条件艰苦的情况下，米启旺依然无偿提供树苗给加入协会的农民，带动当地群众共同治沙，治沙协会已拥有会员200多户，扩大造林面积达6万亩。在整个内蒙古，米启旺种植的树木有效地保持了其所承包沙地的水资源储备。因地制宜，以林促林，以林促牧，如今米启旺的成材林不仅面积可观，而且沙柳等植物的经济收益也指日可待。

米启旺一家人为改善当地的生态环境付出了常人难以忍受的艰辛和代价。他的治沙事迹和治沙协会受到各大媒体的重视与宣传，也受到全国人大常委会原副委员长布赫等领导同志的赞扬，这些荣誉极大地鼓舞了内蒙古农牧民保护生态环境的积极性。

创建鸟类自然
保护区——邢诒前

先锋档案

　　邢诒前，海南省文昌市东路镇名人山村人。1979 年，他走出家乡去香港发展，1993 年，他的事业进入巅峰，拥有了亿万资产。当邢诒前满怀激情，伴着美丽的梦想回到阔别多年的家乡名人山村时，记忆中的青山碧水却发生了很大的变化，那一幕让邢诒前十分难过。他决定在名人山村外白鹭湖畔那片荒地上重新移树造山，恢复名人山的旧貌。1997 年，他创办了我国第一家完全由私人投资创建的鸟类自然保护区——名人山鸟类自然保护区。

　　名人山鸟类自然保护区有别于其他保护区。创建 10 多年来，放生护鸟，拯救树木，成立专业保护生态队伍，提高群众环保意识。邢诒前投身公益事业，慷慨解囊帮助乡亲，先后捐资就达 700 多万元。他又于 2004 年倾注精力、财力创建青少年生态环保

邢诒前

教育基地。海南省政府授予他"爱琼赤子"称号，文昌市政府授予他"造福桑梓"荣誉。

名人山鸟类自然保护区发展到 32,800 亩，自然林、古树、珍稀林木保护完好；草类、花卉、水生原体、其他植皮、热带生物连片；土壤、水得到优化；候鸟大群回归，繁殖嬉戏飞舞，构成巨幅奇特景观。保护区享有"荔枝之乡""水果之乡"的美称。

先锋事迹

邢诒前，出生在海南省文昌市东路镇的名人山村。名人山村其实没有山，这里之所以叫山，是因为这儿的亚热带植物十分茂盛，郁郁葱葱，远远看去就像一座山。1979 年，24 岁的邢诒前怀着对生活的无限憧憬，踌躇满志地离开家乡到香港发展。他从零工做起，5 年之后，他在海南等地开办三家自己的服装厂。1991 年，他开始涉足海南的房地产业。1993 年，邢诒前开发的两座高层大厦市场价突破了一亿元。短短几年，邢诒前成了亿万富翁。然而，邢诒前的一个选择彻底改变了他一生的命运。

1993 年，邢诒前满怀激情带着几千万元来老家文昌投资房地产。回到阔别多年的家乡名人山村时，记忆中的青山碧水却发生了很大的变化，他发现自己的家乡已不见了往日的生机——原本波光粼粼的白鹭湖已经成了毫无生气的一潭死水，堆积如山的树林不见了，那些成群的鸟儿也不知去向。这一幕让邢诒前十分难过，他不止一次站在荒草丛中皱眉头。为了小鸟有个美丽的家园，为了挽回心灵深处的那一片绿色，他脑子中出现了一个想法：搞一个鸟类保护区，把这个乐园建设成为融自然保护区、高级旅游度假区、园林商住区等为一体的大型乡村乐园。打定主意后，邢诒前便向政府申请白鹭湖边的荒岛，决定在名人山村外白鹭湖畔那片荒地上重新移树造山，恢复名人山的旧貌。于是他开始了长达近十年的造山计划。

1995 年，邢诒前出资 420 万港元，注册成立了"海南怡田农业工程有限公司"，1997 年，海南省文昌市政府正式批准邢诒前的申报，在名人山又划出一块 3 万多亩的区域，让邢诒前来开发名人山鸟类自然生态保护区。这样的私人保护区，在全国来讲是第一家。

邢诒前把从房地产市场赚到的钱转手投向没有任何产出的鸟类保护区建设。他建立了一支"绿化队伍"，专门负责保护区以外的区域，把濒临砍伐的树木移栽到白鹭湖边。此外，他还承包水库，放养鱼苗，吸引鸟儿前去捕食；他还成立了专职护鸟队，昼夜巡逻。邢诒前认为，树就是鸟儿的家，没了树，鸟儿也不会回来。可由于当地贫穷，村民们为了解决生活困难，经常需要砍树卖钱。面对矛盾，老邢决定掏钱买树。于是，邢诒前听到哪里要砍树，他就赶去，掏钱买下。久而久之，人们都知道，要想用树换钱，找邢诒前就可以了。

在当时，人们的思想很传统，像抓野生动物、乱砍滥伐原生树木，都认为是理所当然的事，大脑里面没有任何的保护意识。邢诒前认为，当前要做的是把人的思想观念改变过来，从人和自然和谐的这个角度，把保护的理念在短期内灌输到人们的头脑里去。为了让村民们接受环保理念，支持自己的环保行为，邢诒前做了很多努力。他帮村里建起水塔，拉上自来水管，让村民们喝上自来水。为避免村民砍伐树木烧柴，他给村民们送来煤气炉、热水器。有时村里人遇到生活困难，他也慷慨相助。时间久了，远近的百姓都知道了他保林护鸟的事情，也对他的行为有了更多的理解。

邢诒前认为有了树，还要有声声不息的悦耳鸟鸣，这才是真正的名人山。他对鸟儿的喜爱几乎到了痴迷的地步。不管他在哪里，也不管手头的事情多重要，一见到路边有贩卖野鸟的，他总会停下来，将鸟买下，带回山庄精心呵护，等伤好后再放生。

经过几年的努力，名人山渐渐恢复了往日的绿色。更让邢诒前振奋的是，白鹭们又回来了，先是十多只，后是几十只，最后是上万只，那壮丽的景观，令十里八乡的村民纷纷驻足。接着其他种类的鸟也被吸引来了，白鹭湖重新成为鸟的乐园。

邢诒前在村民当中进行的爱鸟护鸟、保护生态环境的宣传也有了效果，附近的村民有了爱鸟意识，不但不打鸟，同时还抵御外面来打鸟的人。越来

越多的村民不仅理解和支持邢诒前的做法，而且也和他一样，成了环保卫士。邢诒前的做法，不仅改善了周围的生态环境，也改善了村民的生活，改变了他们的思想意识。有一年，邢诒前在路边买回一只受伤的猴面鹰。带回家后，他给猴面鹰敷药、喂食，细心照顾。两个多月后，猴面鹰的伤好了，邢诒前便把它放回了林子里。又过了一段时间，几个小学生放学后路过那片林时，发现草丛里露出了 5 只嗷嗷待哺的小猴面鹰。消息一传十，十传百，好奇的孩子们都来看。很快，这片林子里就踩出了一条路。直到小猴面鹰会飞了，竟没有一个孩子把它们据为己有。在名人山 3 万多亩土地上，春夏秋冬，总有一支朴实而又略显零散的护鸟队穿行于旷野间、丛林中。他们热情地向村民宣传爱鸟护鸟、保护生态家园的意义。

2002 年底，邢诒前用完了所有的存款和现金，生活来源只能靠保护区内 3 万多株荔枝树的收入和朋友们的接济。

2003 年，他回到香港，想方设法凑了 70 万港元，其中相当一部分，是他妻子的私房钱。返回海口后，邢诒前听说某个地方有很好的树可能被砍伐，便立刻赶到那里。结果，他不但买了树，更花钱修了路，给村里拉了电线。

2003 年 12 月 1 日晚，海南欢乐节文昌市分会场所在地"名人山庄"的白鹭湖畔，出现了惊人的一幕：在邢诒前上台致辞时，树林里突然飞出上万只白鹭，它们欢叫着飞越会场上空。

2005 年，中国国家环保总局颁予他国家环保最高奖"中华环境奖"。时任海南省省委常委、宣传部部长的周文彰来到了名人山说，政府对邢诒前创建保护区的行为非常支持，并尽量在人力、财力上给予他优惠和照顾。当天，周文彰参观完现场后，对当地政府部门领导说："我们不能让邢先生倒下去，我们不能让保护区垮掉。如果让邢先生倒下去了，保护区垮掉了，那么将是文昌的耻辱，也是海南的耻辱！"周文彰主持召开该片区联席会议，拉开了政府投入资金建设名人山乡村森林公园和白鹭湖连片文明生态村的序幕。

现在，名人山鸟类自然生态保护区占地 3 万亩，各种各样的亚热带植物数百种。在保护区走走看看，放眼望去，遮天蔽日，葱茏无限。保护区内有十八个自然村，村与村之间的乡村小路两旁，邢诒前全种上了树，这样不仅可使鸟儿多一个做窝的地方，平日还可供村民们乘凉，又可抵御台风。每年4月至9月，有毛鸡、八哥、鹧鸪、斑鸠、牛背鹭等几十种野鸟在乡村森林成群筑巢繁衍；9月至翌年4月，白鹭、苍鹤、白鹤等候鸟成群结队，盘旋飞舞。10年间，在名人山的鸟类已达到上百种。

名人山湖

2005年，他的事迹得到省领导的肯定后，海南省森林资源监测中心为名人山人与自然和谐示范区建设规划就开始了设计。这份已出炉的设计方案建设，总投资为1,628.5万元，最终的建设目标是力争到2010年将示范区的森林覆盖率由现在的38.7%提高到45%，建成大型开放式乡村森林公园、鸟的天堂，为海南乃至全国树立人与自然和谐的典范。

名人山的大椰子树

整个规划共32,800亩，涉及22个自然村44个经济社千余户人家。项目以保护与优化生态环境为主旨，围绕培育生态文化，发展生态经济为中心，通过以点带面的模式拉动周边走绿色小康之路。

规划功能区划分为鸟类栖息、繁殖区，鸟类觅食区，展览、培训、教育综合区，村民居住区，生态农业观光及农田超市区，农家乐区，热带水果及经济作物观赏区，热带花卉种植区9大项目。建设的

内容包括了大门、道路、生态景观林营造，文明生态村，修筑荷花湖，组建护林、护鸟走廊和综合服务大楼等。

邢诒前总是说，他爱绿色，爱白鹭湖，爱生他养他的这片土地。他最大的愿望，就是能把美丽的白鹭湖，完整地留给后代，对他来说，这就是人生最圆满的结果。为了这个目标，他将一直奋斗下去。

先锋言论

"财富是社会责任，负责任地花钱，是拥有财富的人的责任。我花掉了所有的钱，有些招人耻笑，有些被人赞颂，这让我知道了拥有财富和支配财富的意义。"

"我更关心目前别人对我的评价。对我的评价，决定着我的保护区的前途，也反映了社会环保意识。社会对我的评价与我的事业是分不开的，对我的评价，就是对我的事业的评价。"

"作为一名商人，我偏离了商人的轨道，几乎达到了走火入魔的地步，但是仰望天空中那千万双用真诚和拼搏换来的美丽翅膀，我能够坦然地面对事业和生活中的种种失落和困境。"

"我不怕上有老下有小，有时穷得身无分文，我最怕不能及时发放员工工资，不能及时地掏出钱来避免让又一棵大树倒在电锯下。"

"我不怕没有小汽车，没有积蓄，最怕有人报告这里打鸟，那里电鱼，东家要修房子，西家孩子急需学费。"

为荒山披上绿衣——贾晓淳

先锋档案

贾晓淳，1956 年生于北京。1976 年毕业于西北工业大学。1985 年投身商海。1998 年成立北京世纪天达商贸责任有限公司。后患上严重的类风湿疾病，手足变形，行动困难。在生活自理都极为困难的情况下，1998 年，贾晓淳放弃当时正红火的生意，毅然离开都市生活，带着早年积攒的数百万元，来到距京 70 公里的顺义贫困山区龙湾屯镇，租下 3,000 多亩的荒山秃岭植树造林。她没向国家要一分钱，没占一亩耕地，没享受任何优惠政策，封山育林绿化植树 10 万余株，荒山秃岭披上绿色，三沟四梁八面坡植被得到恢复，濒临灭绝的野生中华环颈雉已增加到 200 余只，喜鹊、苍鹰、鹞子、猫头鹰等野生鸟类也增加到十多种，沉寂的荒山焕发出了勃勃生机。她将庄园取名为"归真园"。2002 年，贾晓淳获得"福特汽车环保奖"。2005 年 6 月 20 日，贾晓淳因病情恶化去世。2005 年 10 月 26 日，她被评选为首届"中国十大民间环保杰出人物"。现在，她的"归真园"已成为著名的生态庄园，被中华环保基金会列为"生态建设基地环保教育中心"，曲格平多次前往视察并题词，给予了她高度评价。

贾晓淳的改造荒山事业，不仅恢复了当地的自然环境，还为当地经济发展找到了一条出路。她吸纳了二十几户农民参加到绿化事业中来，使他们有了稳定收入，解决了他们的温饱与子女上学问题。2005 年 6 月 20 日，贾晓淳因病情恶化，在满目青山的"归真园"去世。她独身一人，没有子女，她把生命的最后时光和全部积蓄，都投入绿化荒山的事业中。她的事迹在中央人民广播电台、《中国环境报》、《人民中国》以及互联网等多种媒体报道后，引起社会的强烈反响。

先锋事迹

20世纪80年代初，贾晓淳从学校辞职下海经商，前往深圳。90年代初，贾晓淳回到北京，创办了一家物流公司，生意日渐红火。就在贾晓淳的事业逐步平稳上升的时候，她被查出患有严重类风湿疾病，浑身疼痛，关节变形。贾晓淳是一个对生活比较讲究的人，她总觉得城市里空气质量不好，食品卫生也得不到保障。特别是在被查出有严重类风湿疾病之后，她一直想找一个"世外桃源"，养养鸡，种些瓜果蔬菜，一家人到了周末也可以有个休闲的地方。1994年，得知《北京市农村集体所有荒山荒滩租赁条例》出台的消息，贾晓淳决定放弃已步入正轨的事业，她找到哥哥贾如锋，告知了她想去郊区租一处荒山，过"田园生活"的想法。这是贾晓淳当时租赁荒山的初衷。

而真正让贾晓淳走上环保路的是一篇新闻报道。1994年，一名外国人在接受中国记者采访时说："你们中国人一点环保意识都没有，只知道砍树浪费资源，没有人愿意栽树。"这让贾晓淳颇为恼火，她一气之下就说要带头种树。从这之后，贾晓淳四处拜托朋友帮她找寻荒山信息，一方面是为了圆她多年的梦想，同时也希望通过植树造林改变"中国人只会砍树"的形象。

从1995年开始，每逢周末，只要有空，贾如锋都要陪着贾晓淳去各个郊区考察荒山。几年下来，他们跑了好些地方，却始终没有找到合适的。1998年，农历正月初二，有朋友告诉贾晓淳，顺义龙湾屯镇有片荒山。她立马约上哥哥匆匆赶了过去。当时的那片山一眼看上去光秃秃的，十分荒凉，她向当地村民打听得知，50年前这山还是一片原始森林。"既然以前是原始森林，我就有信心让它恢复成原始森林。"贾晓淳当天就决定投资300万元，租下这座3,000多亩的荒山。

在与当地镇政府签订租赁协议后，贾晓淳交纳了70年的租金，并逐步变卖自己公司的资产，随后开始量地、盖房、买树籽。1998年11月，贾晓淳入住山下，并将此地命名为"归真园"，有返璞归真之意。为了节省开支，贾晓淳自己动手培育树苗，刚种下的树苗只有几厘米高，由于荒山缺水严重，她雇了几个工人浇水，光把这些树浇一遍就需要4个工人3个月的时间。

1998年3月，贾晓淳虽然因为身体原因不能去参与种树，可仍然每天一大早就起来，顺着山面视察，树该浇了，鸡该喂了，该去工商了，该去交税了，整天就没闲着。当时，很多朋友来到顺义看到这片荒山之后，都说这分明是一片石头山，还说贾晓淳疯了。贾晓淳找来专家，经过分析，专家说这里是柯斯曼地貌，石头底下含有丰富的水汽。

从1999年到2002年，由于病情的加重，轮椅成了贾晓淳的代步工具。很多时候她坐在轮椅上，被人推到山上指导工人栽种每一棵树。最严重的时候，她躺在沙发上不能动弹，工人们只能用被子裹着她到山上工作。但在那几年中，14万棵小树苗在山下培育好后，陆续移植到了山上。为解决浇水问题，她还投资在山上建了一个100吨的水塔。贾晓淳为建水塔想的十多个办法都一一被否决掉，最终集思广益想出了"无轨道平衡上料法"，才算建起了海拔170米的高位水塔。没有设备进行整体浇铸，他们完全靠着双手连续作业36个小时。这是现代都市人难以想象的事情。

这些荒山是近百年砍伐的结果，它们一点点被贾晓淳重新披上了绿装，树苗还小，生长缓慢，但山体的破碎与风化被毛茸茸覆盖了。绿化的第一年就有些鸟类前来落户，她喂它们，结果第二年鸟骤然增多。

几年过去了，当年的荒山秃岭披上了绿色，许多动物在这里安了家。而"归真园"只有投入，几乎没有产出，贾晓淳的财力出现了困难。14万棵树苗一年的维护费用就要10多万，几年后，贾晓淳花光了自己的积蓄。据统计，贾晓淳至去世前已在"归真园"投入580余万元，而其中近半数的钱都是向别人借的。

2002年下半年，"归真园"二期发展规划出台：1,000公顷生态林、一个大型生态养殖基地、一个可容纳200人食宿的环保教育中心等。按预算，要完成这个庞大的发展规划，贾晓淳需筹措数千万元资金。而此时，贾晓淳的身体每况愈下，"归真园"的日常维持都到了举步维艰的境地。

2002 年，贾晓淳获得了"福特汽车环保奖"，当时颁奖典礼上是这样介绍她的：贾晓淳在不愿听到"中国人不搞环保"的指责的激励下，将个人的全部财富与心血都投入了绿色事业中。多年来，贾晓淳没向国家要一分钱，没占一亩耕地，没享受任何优惠政策，封山育林、绿化植树 10 万余株。而评奖机构在她的"获奖理由"一栏中写道："贾晓淳的人格与实践对人的心灵极具震撼力。将绿化荒山的个人行为，延伸至荒山资源的理性操作，启示人们调动城市的力量，把先进的技术与管理注入荒山建设，减轻政府负担，加大加快生态建设的力度与步伐，对社会发展与环境保护事业具有重要意义。"

2005 年 6 月 20 日，贾晓淳因病情恶化去世。贾晓淳生前一直是一个爱热闹的人，可为了那片荒山偏偏隐居在一个那么僻静的地方，过着与世隔绝的生活。到去世时她仍然是一个单身女人。

墓碑是哥哥贾如锋为她定制的，一部洁白的
展开的书，简单镌刻着她的生平

贾晓淳在 7 年间，给荒山秃岭披上了绿色，三沟四梁八面坡植被得以恢复，一些地方已郁郁葱葱、飞鸟投林。原来几乎绝迹的野生中华环颈雉现在已有 200 余只。喜鹊、苍鹰、鹞子、猫头鹰等 10 多种野生鸟类也在这里安了家，沉寂的荒山焕发出了勃勃生机。"归真园"里养的鸡也是自然的，可以轻而易举从地面飞到一人多高的树上，都市里价格昂贵的柴鸡蛋，在这里是三餐的日常食品。"归真园"的苹果也是完全绿色的，不用化肥农药、不喷激素生长素，山泉灌溉，生态灭虫。

就在贾晓淳去世的前一天晚上，她还与身在外地的哥哥、嫂子通了电话，讨论培育树苗的事。贾晓淳下葬后的第二天，很多人来追债。如今的"归真园"基本由贾如锋管理，贾如锋需要考虑的，不仅是妹妹留下的巨额债务，还有"归真园"的可持续发展。因为他知道，无论再难也舍不得把妹妹含辛茹苦绿化的座座青山推给别人。贾如锋清晰地记得年轻貌美的妹妹 7 年来是怎样创造奇迹的。贾晓淳 7 年几乎没下过山，山上那十几万棵树，光是浇一遍水就得 20 天。病重的时候，手都不能握东西，甚至不能自己从凳子上站起来，而山上的每只鸟全是贾晓淳——一个重病缠身的弱女子带着几个工人喂养的。

2005 年 10 月 26 日，贾晓淳被评选为首届"中国十大民间环保杰出人物"。

先锋言论

"听到一个数字，一个人在 20 年中要用 0.7 吨手纸，相当于消耗 15 棵大树，我就萌发出要植树的理想。"

"8 点半，我走进办公室，打造我身处的正在发生变化的荒山。阴天下雨时，我会把自己没入浴桶，看着窗外变幻的天空、摇曳的树。雪后风停，带着爱犬去晒山上暖暖的太阳。满山的小树，竟在冬日里被皑皑白雪映出勃勃的绿来。落日余晖，山风徐起，正是骑马的时候。因这病，我只能坐在池塘边，爱犬小翠伴我看着霞光是怎样在骏马驰过眼前的瞬间，把它镀成金色。"

"在雄鸡唱早时起床、沐浴、出门，坐在半山屋前的廊下，新茶一杯，看那如画的田园在阳光下将昨夜蒸腾得如雾如纱后的新颜。爬上东山顶的太阳看着我的早餐：刚挤出的牛奶、新生的鸡蛋和被昨夜浸凉的刚刚还在枝头的水果。常伴我的，还有那只小鸟，它落在电线上，倏地，仿佛太阳的金光在它眼中一闪，它便箭似的飞去了，不见踪影。田野的尽头，是如黛的树林，

那后面就是我生活了太久的都市。"

"当时觉得食品安全问题太重要了，于是想干脆弄一块地自己种。而且很长时间以来，我觉得作为一个人而言，也应该对大自然有个交代，种点无污染的菜、养些鸡，就算死了也不愧对谁。上山之后，才发现我们对荒山资源的认识太欠缺了，我们这些号称喜爱大自然的人事实上太不了解大自然了。大自然到底能给你什么，你真的不清楚。于是，我开始大量地付出，时间过去了，我发现只要你与大自然生存与共，它就绝对不会辜负你。"

"节纸将军" ——袁日涉

先锋档案

袁日涉，1993年3月出生在北京，第九届全国"十佳"少先队员，环保学生。6岁时开始回收废电池。7岁时成立"一张纸小队"，传播节约用纸的理念。8岁，获得"福特汽车环保奖"，用奖金开通了"袁日涉红领巾环保网"。9岁，组织"救救什刹海"活动。10岁，建立"袁日涉抗击'非典'网站"，为抗击"非典"的宣传作出突出贡献，被评为"2003年度中国十大网络新闻"之一。11岁，她组织迎奥运、种植2,008棵树的活动，在北京延庆种植"少年先锋林"，同年获得"第九届全国'十佳'少先队员"荣誉称号和"'十佳'中华小记者"称号。14岁，被确定为2008年北京奥运会火炬手。此外，多次获得各种征文比赛和网页比赛的奖项。

2002年8月30日，由可持续发

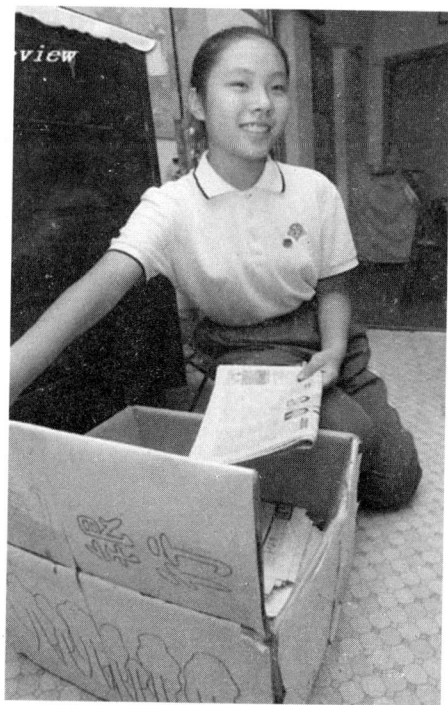

袁日涉

展世界首脑大会中国筹委会、国家计委、科技部、外交部、国家环保总局、中央电视台等 22 个部委联合摄制的大型电视专题片《居安思危——可持续发展在中国》摄制组来到袁日涉家中，拍摄袁日涉的环保故事。这部专题片跟随朱镕基总理去南非约翰内斯堡参加可持续发展世界首脑大会，同时在中央电视台一套分 22 集播出。全国各省台都进行了转播。片中拍摄的袁日涉，吸引了各国对中国孩子参与环保事迹的关注。

现在的袁日涉是北京市第六十五中学一名高二学生，但是，这并没有影响"一张纸小队"开展活动。东高房小学每班的"一张纸小队"仍然在行动，继续开展着节约用纸，回收资源的生态环保活动。六十五中也在袁日涉的带动下，成立了"一张纸小队"。她和新伙伴们继续从身边的点滴小事做起，在培养自己良好的道德品质、关爱生态和环境的实践行动中探索前进。

先锋事迹

回收废电池

袁日涉最早的环保行动是从回收废旧电池开始的。6 岁多的时候，袁日涉的爸爸给她讲了一个小故事：一位多年在中国学习、生活的德国阿姨，每次回国总要带回废旧电池，因为她在中国没有找到合适的地方扔掉这些对环境造成严重污染的垃圾，在德国，这些东西都是由专人进行回收的。爸爸还讲了一张报纸上的提法"一节纽扣电池污染 60 万升水不能饮用，一节一号电池污染一平方米土地绝收"。爸爸讲的这些故事让袁日涉幼小的心灵受到启发。

上一年级时袁日涉看到报纸上讲：回收电池当军官。从 1999 年初后，她就开始回收自己玩具中的废旧电池。1999 年 11 月 19 日，袁日涉是第一个向中国儿童中心交废电池的，一共是 130 节。后来辅导员赵老师很支持袁日涉，让全校同学每人做了一个电池回收箱，都一起参加回收电池的活动。这给了袁日涉特别特别大的鼓励，袁日涉又和李梦研姐姐合作，在大院里设立回收电池的大环保箱，又在天客隆超市、《求是》杂志社和红楼照相馆设立了回收电池的环保箱，还动员家里的父母和舅舅、姨妈等所有亲戚朋友回收电池。2000年1月1日，袁日涉等几个最早回收电池的同学在王府井集中回收了2,000节废电池，《北京晨报》和《北京晚报》把袁日涉的行动称为"2000年第一个环保行动"。2000年10月1日，袁日涉和北大附小的同学把回收废旧电池的环保车第一次推上王府井大街。2002年1月1日，袁日涉和十位同学一起在西单北大街，设立电池回收箱，做了2002年的第一个少年奥运建设行动。在回收电池的过程中，有人不负责地讲，一节小电池哪有那么严重？为了科学地证明电池危害的严重性，袁日涉想到用大蒜发蒜苗，进行电池毒性的试验，坚持进行了三周试验，赵老师按照正规科研论文的写法对袁日涉进行了指导，她写出了证明电池对大蒜生长有致命危害的"小论文"《大蒜日记》。赵老师还让袁日涉带动全校进行大蒜试验，共写出论文300多篇。袁日涉的小论文被许多报纸和网站刊登，成了研究电池污染环境的第一篇儿童环保论文。

袁日涉从1节、2节，10节、20节，几百节、几千节地回收，到2002年12月共回收了10万多节电池，按照当时北京市有用垃圾回收中心的计算能装两辆130卡车。后来关于电池回收是否有必要，中央电视台做过节目，清华大学的教授认为集中回收集中了毒性，可以分散和垃圾一起处理。可是其后袁日涉请教过的北京科技大学的环保专家则认为有回收的必要和资源再利用的价值。专家的不同看法使她决定，不再主动宣传，但是继续回收，只是不再统计数量了。

成立"一张纸小队"

袁日涉7岁时看见有同学把一面用过的纸随手扔掉，甚至用新的纸折成飞机，就觉得很浪费。于是袁日涉在老师的帮助下于2000年3月12日植树节那天成立第一个"一张纸小队"。在大队辅导员赵老师的帮助下，很快推广到全校每一个小队、中队。他们把学校里积压的很多用过一面的废纸订成环保本，把环保本送给全校每一个同学，让全大队都参加"一张纸小队"的活动。他们还在学校周围的许多单位宣传"一张纸活动"，在人民教育出版社、《求是》杂志社等单位设立了一面纸回收箱。他们按照再生纸的方法计算过，节约5,000张纸就是保护一棵三米高的大树。北京许多学校，也发展了"一张纸小队""一滴水小队""弯弯腰小队""白鸽小队""环保沙龙"等，还发展到了包头、石家庄、重庆、上海、郑州、哈尔滨、宜宾、烟台、安阳九个城市，短短一年的时间就有9万多名红领巾参加，回收废纸达65万多张，相当于保护了130棵三米高的大树。

第一个"一张纸小队"的成员（左起第6人是袁日涉）

在2001年度"福特汽车环保奖"评选中，袁日涉以"一张纸小队"的活动，成为唯一获奖的小学生，颁奖理由写着：袁日涉只有8岁，她创意的"一张纸小队"活动很新颖，很有现实意义。该项目充分展示了"积少成多、聚沙成塔、集腋成裘"的道理，并传达着"环境保护，从我做起"的朴素理念。这些活动由一个只有8岁的小学生发起，难能可贵。

中国儿童中心环保志愿军2001年6月的评价是："孩子们虽然没有惊天动地的伟绩，做的都是每人都能做到的小事，但他们坚持下来了，超过了常人，所以，他们也是伟人！"他们授予袁日涉"节纸将军"的荣誉称号。

保护什刹海

2001 年，北京什刹海漂浮着一层怪怪的绿，还伴着一股股腥臭味，连小鱼都被熏得翻了上来，袁日涉知道什刹海被污染了。这一年，在学校师生的支持下，袁日涉联合了许多环保小伙伴，发起了"救救什刹海"系列活动。他们定期去看望在什刹海的野鸭，用卖废品的钱买来能吃水藻的鱼苗放养在什刹海。经过半年多的努力，放养鱼苗 10 万尾，钓鱼的人数从 2001 年 11 月的 680 多人 870 竿，已降至 2002 年 4 月的 130 多人 150 竿，"保护什刹海"初见成效。2002 年 5 月 25 日，大翔凤小学、孝友小学、柳荫街小学、东高房小学、宏庙小学等北京几十所小学的 200 多名小朋友来到什刹海，放养了 5 万条小鱼。他们累计放养了 15 万条小鱼。孩子们借"六一"节日的东风，向全市发出倡议，实行中国小公民什刹海"'5·25'爱鱼日"。经过十八名倡议小公民一个月的努力，各行各业两万余人签名支持，也得到了什刹海管理处领导们的支持，他们安排协调各职能部门，天天下"海"，清理非法偷钓者，在"'5·25'爱鱼日"这一天，钓鱼者终于降到了零。人们说，这是什刹海历史上的一个突破，也是送给了全市一百万小朋友一份丰厚的节日礼物，给了孩子们一片美丽干净的什刹海。从 2001 年的 12 月以来，袁日涉和同学们一直坚持每月一次的保护什刹海活动。

知识链接

什刹海也写作"十刹海"，位于北京城西北隅，交通十分便利。四周原有十座佛寺，故有此称。什刹海是北京城享有盛名的历史文化旅游风景区。景区由前海、后海、西海水域、沿岸名胜古迹和民居民俗生活组成。景区东起地安门外大街，西到新街口北大街，北起北二环，南至平安大街，总面积 146.7 公顷，是京城内老北京风貌保存最完好的地方。周围有许多的王府和花园，如保存最好的恭亲王府、醇亲王府等，这一带

倡导做环保卡片

在教师节前，袁日涉和同学们特别兴奋，面对辛苦了一年的老师，特别想表示一下尊敬和感激的心情，哪怕只是给老师送一张小小的贺卡。但是她们又清楚地知道，每一张贺卡都是用大树做的，如果全国每个小学生都送一张贺卡，就要砍掉 2,000 棵大树。

袁日涉和"一张纸小队"的同学们便想用废纸做贺卡，但又不知道老师会不会喜欢，于是就做了试验。袁日涉和同学们都精心地用废纸制作了一张贺卡，大家一比，发现比买的贺卡还好，因为它不但精美，还特别能体现大家的心意。他们问了几个老师，喜欢哪种贺卡，老师们不约而同地告诉同学们，特别欣赏他们自己做的废纸贺卡，因为它不但环保，还体现了同学们的设计水平，老师更喜欢这样既环保又创新的学生。其他小队看到后，都觉得这种废纸贺卡比买的好。有的人还问："这么好的贺卡是从哪买的?"当他们知道是用废纸做的以后特别惊奇，他们也参加了做贺卡表心意的环保活动。

2002 年 9 月 10 日教师节时，袁日涉通知了全国 9 城市的"一张纸小队"，大家都行动起来。袁日涉代表全国 9 城市的"一张纸小队"和 100 万参加双面用纸的小学生向全国一亿小学生和全国人民发出倡议：行动起来，做环保贺卡，向不环保的行为宣战。

后来袁日涉又组织了"环保贺卡展筹委会"，向 500 多所小学的大队长寄去了环保贺卡。许多学校已开展了做环保贺卡，告别传统贺卡的活动，许多大队长也寄回了自己做的环保贺卡。

2004 年新年，他们又给天安门国旗班送了环保贺卡，国旗班派了第一擎旗手和第一护旗手接受了他们的环保贺卡，还回送了他们环保贺卡。

建"少年先锋林"

2001 年以前北京每年都刮沙尘暴，沙尘暴一来，大风卷着满天的黄沙黑沙，迎面扑来，刮得人们灰头土脸的，连嘴里鼻子里都是土。听说沙尘暴差点影响了奥运会。后来北京种了好多的防护林。但袁日涉发现就是没有少年儿童的防护林，所以袁日涉和同学们都想最好在北京有一块地，把每年种的树集中起来，建设一片儿童防护林，迎接奥运会。

几年来他们一直在找一片林地，但一直没有找到。直到 2004 年，袁日涉联系到了我国著名的"绿化雷锋"卫桂英大妈，卫大妈 22 年不要国家一分钱，绿化荒山5,500 亩。袁日涉希望能在卫大妈绿化的荒山上，建一片"少年先锋林"。得知消息后，卫大妈特别痛快地答应了她的请求，同意给孩子们 10 亩地。全校的少

2007 年 3 月 17 日，袁日涉和少先队员们
在"少年先锋林"种树

先队员们还用平时积攒下来的零花钱和卖废品的钱，种了一亩"东高房小学少年先锋林"。

小袁家的 27 条节水"军规"

2000 年，为支持北京申奥，袁日涉发起向北京环保少年征集节水建议的活动。3 年来，袁日涉和同学们共收集了一万二千名北京环保少年的节水建议十万条，从中精选整理家庭实用措施 27 条。本来是向全市征集在全市推广

的，可是好征集却不好推广，2003 年袁日涉开始正式在自己家里落实。提倡家里人节水、节电、绿色出行等活动，严格执行并向大家推广，被称为家里的 27 条节水"军规"。2007 年在北京的许多公交车站都可以发现一幅环保公益广告，广告的主角就是袁日涉，标题是《小袁家的 27 条节水"军规"》。

1. 家庭节水目标：降低每月水表数。

2. 家庭节水思想准备：每人记住水表数，每月找差距。

3. 环保节水意识：惜水如金。

4. 节水第一措施：一水两用、三用、多用，洗脸水洗手，洗米水洗手、洗衣服、洗水果、洗蔬菜、洗脚，洗完后还可以涮抹布、拖地、冲厕所，最后浇花、浇绿地。

5. 节水家庭必备节水桶，一水多用的器材保证。

6. 争做节水家庭，再备一个污水桶，用于浇绿地，直至下水道改造成直通绿地型。

7. 节水第一工程：马桶中放一至两个可乐瓶，直至改用节水马桶。

8. 节水第一关：管好水龙头。

9. 龙头观念：龙头不要开大，用多少，放多少，少用一滴水，随手关紧龙头。

10. 龙头漏水维修标准：漏水 24 小时内修好，节水家庭 4 小时内修好。

11. 节水龙头第一必备常识：逆时针为关。

12. 节水家庭妈妈的职责：监督容器只装一半水。

13. 节水家庭爸爸的职责：监督洗手洗澡少用水，擦肥皂时先关龙头。

14. 节水家庭孩子的责任：监督全家人集中上厕所，一起冲。

15. 节水家庭孩子的义务：晾衣服时，下放水盆，备用。

16. 节水家庭孩子的任务：接空调滴水，收集备用。

17. 节水家庭没有水枪等费水的玩具、用具，玩水枪也是慢性自杀。

18. 用水煮饭的节水意识：不要让水沸出来。

19. 节水家庭喝水观念：尽量少倒，而且要有倒多少喝多少，不剩水的意识。

袁日涉家的二次用水容器

20. 节水的高级境界：收集雨水再利用。

21. 养鱼人的节水意识：养鱼水的两用、三用、多用，不入下水道。

22. 养宠物人的节水意识：宠物洗澡的水，浇花浇绿地，不入下水道。

23. 有车族节水意识：去循环洗车房，尽量少用一滴水。

24. 节水的关键：不让水流入下水道，一水多用的水，最终去向是绿地。

25. 节水警示：费水就是自杀。

26. 环保少年的节水目标：闲置下水道，所有的水都经重复利用后，最终浇绿地。

27. 环保节水口号：节约一滴水，援助北京城。

利用蚯蚓消灭生活垃圾

2001 年暑假，袁日涉到阿苏卫慰问环卫工人。看到环卫工人的艰苦劳动、恶劣环境，袁日涉深切地感到了北京市一天产生五个景山那样多的垃圾太可怕啦，对阿苏卫王主任讲的"要让垃圾在源头减量化、无害化、资源化"特有体会，回来后就让自己家吃多少买多少做多少，尽量减少垃圾，能减少一点是一点。如果北京每个小学生都能减少一点垃圾，王叔叔他们就会少闻好

多臭味。2001 年 6 月 17 日，袁日涉领养 30 条环保蚯蚓吃家里的生活垃圾。蚯蚓进家可是个大问题，妈妈一听蚯蚓就头疼，袁日涉家里有一个不养活物的规矩，因为都特别忙，哪有时间按时浇水，三餐喂食？再加上剩饭剩菜、果皮菜叶，一天准有味，两天就生虫。但袁日涉家真是下了狠心，试了一把。找来养蚯蚓的书，请教专家教授，终于想出了办法，解决了科研部门都没有解决的有味和生虫的问题，其实就是投放垃圾要适量，还要投放到土的底下，让土能完全盖住垃圾，不能把蚯蚓养殖箱当成垃圾箱，要改变扔垃圾的习惯方式。袁日涉把家里垃圾分两个袋装，一个装有机垃圾，即蚯蚓的食物，另一个装无机垃圾，一到两天喂一次，即一到两天清一次有机垃圾，要很认真地投放到底层，并仔细地用土把垃圾全部盖好，一点都不能露出来，只要没盖严，准得有味、生虫。最后发现，只要把蚯蚓当宠物来养，一点都不难，坚持了两年，蚯蚓已发展到 5,000 多条，家里的有机垃圾变废为宝。累计消灭垃圾 700 多斤。还用卖废品得来的钱买来 13,000 条环保蚯蚓，送给全校每个中队，午餐的剩菜都交给了环保蚯蚓。因为蚓粪是高级有机肥，就用蚓粪在学校楼顶上修建了小菜园，收获了大茄子和西红柿。农科院的杨珍基教授来了，说他们的小菜园是新式的城市生态农业。校园中已有越来越多的少先队员把新繁殖的蚯蚓领养回家，袁日涉的蚯蚓还送到了其他的学校和机关单位。

10 个 2008 目标

袁日涉为迎接 2008 奥运会给自己定了 10 个 2008 目标：组织 2008 个 "一张纸小队"，创建 2008 个 "绿色银行"，种植 2008 棵树的 "少年先锋林"、2008 亩的 "中华青少年林"，建设 2008 个节水家庭、2008 个绿色出行家庭、2008 个节电家庭、2008 个限塑家庭，悬挂 2008 个新型人工鸟巢，拍摄 2008 张巢内图片。

她为了争取把人工鸟巢挂到奥运村，和同学一起发明了红外探测仪和蛇眼鸟巢生命探测仪，使用数字技术进行科学考察。根据他们拍摄到的 4,503

2008 年 8 月 16 号，袁日涉在北京植物园悬挂人工鸟巢

张巢内图片分析，提出了 17 组新理论、新概念、新成果、新假设，对许许多多的传统理论和看法提出了质疑和挑战，开创了一门新的科学"人工鸟巢内图学"。众多专家分别于 2006 年和 2007 年两次实地检查，认为"立意精准，方法科学"，2007 年 12 月 2 日，中央电视台用 45 分钟对此进行了全面报道。国家信息教育白皮书把袁日涉的考察作为唯一案例收入书中。

"人工鸟巢考察"活动被亚广联选为亚洲青少年环保示范活动，2009 年暑假对外展示。

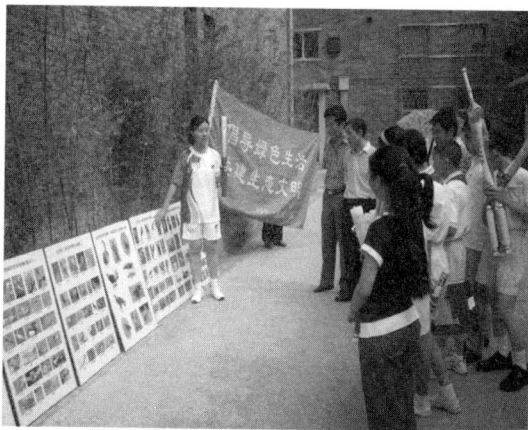

2009 年 7 月 5 号，袁日涉组织"生态文明展板进社区"活动

截至 2009 年，"一张纸小队"已有 138 万成员。袁日涉发起的"绿色银行""少年先锋林""中华青少年林""节能减排碳汇林""环保贺卡""环保博客""保护什刹海""绿色出行""人工鸟巢""限用塑料袋"等活动，遍及了全国，产生了巨大影响。

先锋言论

"想参与环保很容易，环保就是一个习惯，是我们身边点滴的事情，只要大家养成这个习惯，就可以做好。"

"环保是我生活的一部分，已经成为我的一种习惯。"

"我并不是一个聪明的人，只是比别人多了一些坚持和毅力而已。"

创建中国首个无塑料袋村——陈飞

先锋档案

陈飞，浙江省永嘉县渠口乡珠岸村人，"永嘉绿色环保志愿者协会"会长。

由于在环保工作方面的突出表现，陈飞先后获得浙江省"绿色公益使者"、"2005 年度浙江农村十大新闻人物"、"2006 福特环保提名奖"、"中国十大民间环保优秀人物"、2006 年度"地球奖"、"2007绿色中国年度人物提名奖"等多项荣誉和奖项。经绿色中国年度焦点人物评委会评议，陈飞获 2008 绿色中国年度焦点人物提名。2008 年和2009 年，他被选为全国人大代表，并提着菜篮子去参加"两会"。

2000 年，陈飞看到家乡鹅浦河上漂浮着无数废弃的塑料袋，造成河水严重污染。看着国家级风景名胜楠溪江畔千树万枝挂着的花花绿绿的塑料袋，陈飞便萌生了宣传"重提竹篮子买菜"的念头。在 2000 年至 2009 年

陈飞和他的菜篮子

间，陈飞以自己执着的热情和毅力自费跑遍全国 20 个省、市、自治区送菜篮子、宣传塑料袋的危害，提倡人们上菜市场买东西都用菜篮子。他先后投入 30 多万元，免费向市民赠送了 1 万多只环保菜篮子，在家乡珠岸村创建了"中国首个无塑料袋村"。他的行为引起社会的反响，多次被媒体报道。

2008 年国务院办公厅下发了一个通知："2008 年 6 月 1 日起，所有超市、商场、集贸市场等商品零售场所实行塑料购物袋有偿使用制度，一律不提供免费塑料购物袋。"陈飞先前的个人努力对推动这个制度发布产生了一定的影响，起到了一定的促进作用。

先锋事迹

陈飞家在温州的楠溪江边，楠溪江以水秀、岩奇、瀑多、村古、滩林美而闻名国内外，是 1988 年国务院第二批公布的国家级重点风景区。每年的 7 月至 9 月是楠溪江的汛期。

不知道从何时开始，每次发洪水时，楠溪江上都会漂浮着成堆的塑料袋，有时连岸边的树上都挂满了。时间一长，河道成了垃圾场，还发出阵阵恶臭，江里的鱼也明显减少了。原本清澈的溪水、翠绿的树木不见了，到处都是花花绿绿的烂塑料袋在飘，一些外地来的游客很是失望。这一切让陈飞看在眼里，急在心里，他每天都在琢磨怎么改变这种状况。

他订阅了 10 份报纸，只要跟环保有关的就剪下收集起来。他还让儿子帮着从网上下载环保方面的最新信息和塑料袋污染的资料。查完才知道，原来塑料袋不但破坏环境，而且还有毒，有的还会致癌，与食品接触后，有害物质极易转移到食品中。就是将它埋在地下，一般要到一两百年才能降解腐烂，而且腐烂以后还会再次对土壤造成污染。在这之前，他只知道塑料袋危害江边的环境，没想到它还会对人体和土壤造成这么大危害。

陈飞想起在 1984 年以前，家乡当地人都是用竹篮子买东西的，既实用又环保。在那以后，人们渐渐开始用各式各样的塑料袋。于是他便萌生了宣传"重提竹篮子买菜"的念头，决定要倡导禁用塑料袋。

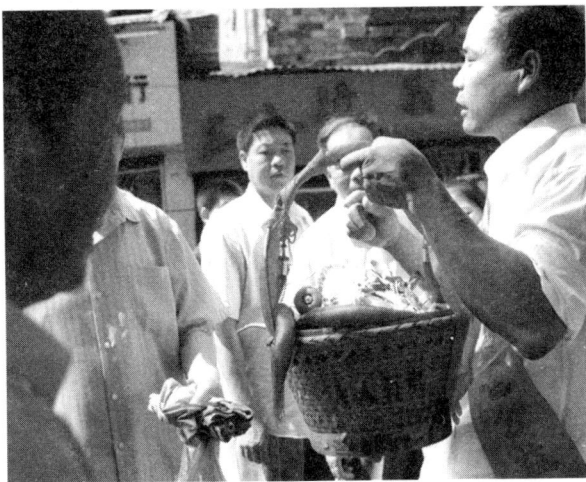

2000 年 10 月，陈飞第一次在街头宣传环保

2000 年 10 月 23 日，陈飞第一次提着菜篮上菜市场宣传。他不厌其烦地跟大家讲，塑料袋虽方便，但对身体不利，还污染环境。竹篮子买菜干净、卫生、环保。刚开始效果并不好，有冷嘲热讽的，也有不接受的，陈飞便经常在思考如何寻找出一种最适合社会大众接受的宣传方式。

2002 年，陈飞决定免费送菜篮子。虽然竹篮不贵，但要免费送还是需要一大笔资金的，一开始家里并不十分赞同。但陈飞认为，只有免费送人竹篮，才能让人们接受这个观念。他以天然毛竹为材料，编制了许多竹篮。首先，他从自己家里开始做起，家人买菜都使用竹篮。之后，他又将竹篮带到街上去免费送给村民，并为他们讲解塑料袋的毒性以及对环境的影响，劝村民们尽量少使用塑料袋。有人拍手叫好，有人冷言冷语。陈飞感到自己身单力薄，因此陈飞想到了借助新闻媒体来扩大宣传力。

2002 年 1 月 23 日，陈飞提着竹篮找到当地一家报社，将自己写的一封信交给了一名编辑。那名编辑觉得一个农民能想到这件事很新奇，第二天便刊登了《一位普通市民的马年心愿——提着菜篮"走四方"》的报道。很快，当地许多人开始关注陈飞，关注他的菜篮子。第一次的成功，让陈飞感受到了媒体的力量。为进一步扩大影响，他带着自己的环保理念和这份报纸，也带着他的"环保梦"走出县城，去了杭州、金华、衢州、嘉兴、台州、宁波、丽水、绍兴等地，每到一个地方他都到各地农贸市场、报社等，手提菜篮子、身披绶带进行宣传。

外地宣传完回到永嘉后，陈飞发现，那几年忙来忙去都是在喊口号，实际行动却不是很多。于是，他决定用实际行动改变村民们的环保意识。

一次，他看到一则新闻报道，澳大利亚有一个城市变成了没有塑料袋的城市。于是，他开始琢磨，凡事从身边做起更省力，动员村民建一个中国的无塑料袋村，并把菜篮子推广出去，这样效果会更好。

2005年2月，陈飞打定主意后，就向村支两委请示汇报，打算创建中国第一个无塑料袋村。他的这一建议得到村干部的重视，并马上召开了全村村民大会，最后以多数票通过了这一决定。陈飞便在老家珠岸村挂出"中国无塑料袋第一村"的牌子。

陈飞先找到村里的每个肉铺老板，说明自己的想法后，这些老板都非常赞同陈飞的做法，答应以后不再使用塑料袋，重新使用弃用多年的稻草绳。他又给全村700多户都送了一个竹篮，还给村里每个菜摊、商铺各配备了10个竹篮，如果谁忘了带篮子就免费租给他，而且每个竹篮都标有店铺的记号。

村民们的环保意识大大提高了，不仅非常支持，还纷纷开始重提菜篮子。村里的池塘是污染最严重的地方，陈飞就购置了一只小船，请村民每天驾船清理池塘。他不但出资雇用了3名清洁工每天打扫卫生、清除路边的垃圾，还出资两万多元，在村中央建造了一座标准公厕。

从2006年8月4日开始，珠岸村老年协会300多名老人自觉行动起来，成立了一个环境保护监督小组。每天有两位老人作为环保监督员，在全村进行环保监督检查。他们对各家小店是否推广纸袋、拒绝塑料袋，垃圾是否倒在指定位置等日常行为进行检查。

2007年年底，珠岸村村民又自发筹款，买来100公斤竹子，编织了一个高2米、直径1.5米的特大菜篮子，这个篮子上写着"重提菜篮子、拒绝白色污染"的大字。

后来陈飞看到在家乡宣传环保获得成功，便开始向全国宣传。他准备了

特大菜篮子

2,000 多只竹篮，每到一地，都到大型的菜市场，一边分发竹篮子，一边宣传环保。2002 年 11 月，他从去北京开始，然后又去了上海、南京等 11 个城市的大型农贸市场。他的行动得到了更多人的支持。2000 年至今，陈飞自费跑遍了全国 19 个省、区、市，送出了上万个菜篮子。他的行为由最初的不被人理解，逐渐转变为受到广泛尊重。

2007 年 6 月 4 号，他发起的"永嘉绿色环保志愿者协会"成立了，陈飞任会长。协会成立后，陈飞带领志愿者们在楠溪江保洁、铲除"牛皮癣"，在

陈飞组织北京奥运会倒计时一周年环保系列活动

各地成立分会，让更多人加入志愿者队伍，开展北京奥运会倒计时一周年系列环保活动，还启动了"菜篮子进百村"等活动。

2007年9月，陈飞作为嘉宾应邀出席了"节能减排"晚会。晚会现场，他大胆地向国务院副总理曾培炎赠送菜篮子，受到了曾副总理的高度赞赏。

2008年开始，陈飞又根据群众的建议和需求，除了转变方式，对传统的竹篮子也进行了改良，现在送的都是可折叠式的竹篮子，让大家携带更方便。陈飞的儿子陈祥武说："其实不管哪种篮子，当前我们推广的主要是一个观念上的转变，当然也希望大家参与进来，以身作则，从小做起。现在身边提篮子买菜的人比以前确实多了很多。"

2008年1月21日浙江省十届人大三次会议上，陈飞以一名农民的身份当选第十一届全国人大代表。他决定抓住这个环保宣传的好机会。那次陈飞上北京开全国人大会议，带去了56个菜篮和3,000条手帕。"两会"期间，他把这些菜篮子和手帕作为珍贵的礼物，送给全国56个民族的代表，把3,000条手绢送给每位全国人大代表。

2009年"两会"期间，陈飞又从家乡带来了3,200个菜篮子，通过会务组分发给了所有全国人大代表。

陈飞还组织了协会成员开展了瓯北镇、桥头镇、乌牛镇、平阳等地免费赠送竹篮子的公益活动，并去了湖南张家界、深圳宣传。

如今的珠岸村

从陈飞2000年投身环保到现在已经9年了，9年的时间，在全国20个省市奔波，陈飞不仅在环保宣传上达到了普及环保知识的目的，而且也感受到了社会各界对环保的支持。多年来他执着地赠人竹篮子，目的是唤起人们的环保意识。

从一个普通的农民环保人士到全国人大代表，陈飞的当选折射出整个社会对环境保护重视程度的变化，也透射出公众参与环保向更深的层次发展。

先锋言论

"家乡的秀丽山水，如果我们今天不珍惜和保护好，将来倒霉的是我们自己，愧对的是子孙万代！"

"环保理念是最宝贵的财富。"

"宣传环保以后，我知道了许多过去不知道的事，只觉得有一种内在的动力支撑着我，停不下来了。"

搬走渣山的"当代愚公"——李双良

先锋档案

李双良，生于 1923 年 9 月，山西省忻州市解原乡北赵村人。1947 年，在太原钢铁公司（以下简称"太钢"）工作。1955 年，加入中国共产党。50 年代，是太钢、省市劳动模范和闻名全国冶金系统的"爆破能手"，曾担任过班组长、车间党支部书记、工段长、加工厂副厂长等职。1983 年，在即将退休之际，李双良不要国家投资一分钱，承包治理了一座在太钢堆积了半个世纪、占地约 2 平方公里、最高处达 23 米、体积约 1,000 万立方米的大渣山，为治理环境造福子孙后代作出了巨大的贡献，被誉为"当代愚公"。

1988 年，联合国环境规划署把他列入《保护及改善环境卓越成果全球 500 佳名录》，并颁发了"全球 500 佳"金质奖章。1989 年、1995 年两次荣获"全国劳模"称号。1990 年，江泽民视察太钢时，高度评价李双良的精神和

李双良

业绩，题写了"学习李双良同志一心为公、艰苦创业的工人阶级主人翁精神，把太钢办成第一流的社会主义企业"的题词。1993 年被全国关工委授予"先进工作者"称号。1994 年，获得全国"五一劳动奖章"。1995 年，李鹏总理在全国人大《政府工作报告》中，列出李双良等 8 位英雄模范，号召全国人民向他们学习。

李双良治渣创效 2 亿多万元，接待国内外各界人士参观近 30 万人次，他的精神对全国乃至世界都产生着巨大的影响。李双良治理渣山的模范事迹以及由此形成的李双良精神为社会和时代树起了一面旗帜。

先锋事迹

太原钢铁公司，是以生产特殊钢为主的联合企业。它始建于 1934 年，是我国重点钢铁企业之一。然而，太钢排出的废渣到了 20 世纪 70 年代已经形成了一座名副其实的渣山，并以每年 50 吨的速度增长着。20 世纪 80 年代初，渣山扩展到 2 平方公里，平均高 13 米，最高处达 23 米。在不少部位，火车头拉不动渣车，3 节的运渣车要用一个车头牵引，一个车头推拥。在它的周围，紧连着工厂及居民区，再倒下去就要侵吞四邻了。每天倒渣的时候，都要溅起滚滚的烟尘；尤其到冬季，西北风一刮，裹着有毒物质的渣粉灰尘遮天蔽日，阴沉沉地笼罩着太原。最令人担忧的是：要生产，就要排渣，愈是高效率的生产，愈要大量地排渣；渣排不出去，就难以生产，作为全国重点钢铁企业之一的太钢就有因无处排渣而瘫痪的危险！太钢的领导更是心急如焚。

在改革开放初期，太钢年产量已突破百万吨，渣山急剧增长，时间和资金两大难题让太钢治理渣山无从下手，甚至连专家、学者都感到头痛。

1983 年春节，即将退休的李双良找到太钢总调度李洪保，掏出了他承包渣山的方案，方案阐明了"以渣养渣，以渣治渣，综合利用"的方法，并提出了不要国家一分钱投资，七年搬走渣山的设想。这年，李双良已经 61 岁了。其实在决定承包治理渣山之前，他就和儿子带着皮尺到渣山测量，结果令人惊讶：渣山体积约 1,000 万立方米，重约 1,200 万吨。如果每天用 4 台解放牌卡车运输，单程 10 公里，每天运 4 趟，要 13 年才能运完。但结果也令人兴奋：每 10 吨钢渣中约含废钢铁 500 多公斤，还有大量废电极、废镁砖、废有色金属等可利用物资。整个渣山的有用物资，价值估计在 4,000 万元以上。李双良的脑袋里逐步形成了一个战斗方案：以渣治渣，以渣养渣。光是测量渣山，李双良父子俩的鞋就磨破好几双。经过上百次的调查和测量，李双良已经对渣山了如指掌。后来，他根据自己掌握的情况大胆地向太钢提出了自己治理渣山的方案。

1983 年 4 月 20 日，李双良的治渣方案得到了太钢领导的肯定和支持。李双良与太钢签订了治理渣山的承包合同，全面负责整个治渣工作。

1983 年 5 月 1 日，劳动节这天，李双良带着 600 多号人、数百辆车和拖拉机开上了渣山。运出的钢渣被倒在了太原东山大槐沟里。可是大槐沟很快就填满了，没有填埋废渣的地方了。李双良便骑着自行车四处寻找废渣的回填坑。他看到盖房的、修路的就对人家说，废渣当回填料结实，耐压，不怕腐蚀，我们可以免费提供废钢渣。就这样，他为治理渣山的每一个细小的环节操劳着。

李双良开挖渣山进入了筛选、分类和开发利用的阶段。可是机械设备的落后和缺乏，严重拖延了工程的进度。筛选钢渣和提高效率是个矛盾，如何解决这个矛盾，李双良每天都在琢磨着。后来他终于想到了一个办法。他找来大堆废钢铁，和工友们商量做几只能装 60 吨废渣的大漏斗，结果他和大伙没日没夜干了 30 多天，4 个大漏斗终于做成了，总共只花了 700 元钱。从那以后，用漏斗装车的效率比以前高出 9 倍，一年光装车费就节省了 36 万元。

一次偶然的机会，李双良在北京某钢铁厂参观时发现了一种叫磁选机的设备。听人家介绍说这种机器筛选中小废钢铁的效率很高。可是买一台磁选机得花十多万，于是，他从北京回太钢时带回了几个大磁滚。最后他和工友们开动脑筋装成了四台双滚磁选机，并加工出几百个手携式磁选棒。这样，每年除了多回收小块废钢 6,000 吨，增收 72 万元外，还把拣出的碎块小铁铸造成条铁，每年可生产 4,000 吨，又可收入 40 万元。

随着渣山一天天变矮变小，在治渣第四年的春天，一天早晨，太原刮起了大风，太钢的渣尘飞扬，呛得人喘不过气来。李双良急忙跑到棚里揉眼睛，他靠着工棚的墙抓了把废渣，往上一扬，发现墙体能挡住渣尘，于是他便把想法跟大家说了一下，最后大家决定修一道梯体状的护坡墙。可是修墙的方砖按 60 万块算的话需要 150 多万元。为了节省成本，李双良找到两个泥瓦工，用一袋水泥、沙子和废渣做了 6 块方块，并且自己做的方砖承压力比买回来的砖还要好，成本也低，60 万块方砖修筑护坡能节约七八十万。这套施工方案赢得了上级领导的肯定和支持，经过几个月的努力，一座高 13 米、宽 20 米、长 2,500 米的防尘护坡终于建成了，太原的渣尘再也不会刮到外面去了。最后这个工程还赚了 28 万元。为了把护坡美化得漂亮点，李双良又把酷爱植树造林和养花种草的退休干部、原陆锤工段党支部书记舒心请来，专门负责渣场的绿化和美化工作。几年时间下来，渣场的里里外外、防尘护坡的上上下下都被花草树木覆盖。

1987 年，在筹备第一次全国大气污染防治工作会议时，曲格平考察了太钢职工李双良治理的渣山，他激动地表示这个可以申报联合国全球 500 佳。1988 年，联合国环境规划署执行主席托尔巴在写给中国领导人的贺信中写道：“在贵国的公司中，有一位普通体力劳动者，他搬走了一座垃圾大山，这是一个伟大的惊人之举。他的惊人之处在于消除了工业污染，保护了生态环境，在造福人类的共同事业中，谱写了一曲辉煌的乐章。”联合国环境规划署还把李双良列入《保护及改善环境卓越成果全球 500 佳》名录，并发给李双良“全球 500 佳”金质奖章。

从 1983 年到 1995 年底，历经 12 年零 8 个月的艰苦奋斗和不懈努力，李双良和他的治渣大军共挖排废渣 2,381 万吨，挖掘回收废钢铁 112.4 万吨，连同加收的废电极、废镁砖等十多种废旧物资和综合利用，总计创收 2.469 亿元，总盈利 1.273 亿元。渣山占地由原来的 2 平方公里缩小到 0.54 平方公里，腾出土地 2,200 余亩，太钢用这块地盖了 20 多栋职工宿舍，并建了学校和福利房，为太钢的发展提供了有利条件。

很多外国专家和名人前来太钢参观，都对李双良的精神大加赞颂。“双良精神”至今仍是中国环保界的一面旗帜和宝贵的精神财富。

先锋言论

"我退休后的生活已经定了，就是要搬走太钢的渣山，每月挣十六元六毛钱的退休补差，我也心甘情愿。"

"多少年过去了，没能治住这座渣山，现在我老了，它也长高了，堆大了。现在多行多业都在改革，过去连想也不敢想的事情通过改革都办成了，难道不能通过改革把渣山搬走？"

致力于垃圾焚烧和污水
处理技术——陈泽峰

先锋档案

陈泽峰，1969年出生于福建省安溪县长坑乡，丰泉环保集团董事长，全国青联委员，福建省人大代表，中国环保产业协会副会长，中华全国青年联合会委员，福建省人民代表大会代表，福建省十大杰出青年，福州大学环境工程硕士研究生导师，中国环保行业品牌建设十大杰出企业家。荣获"第14届中国十大杰出青年

陈泽峰

提名奖""中国十大杰出经理人""全国百名公益之星""中国环保产业（企业）杰出贡献奖"等荣誉称号。

高中毕业的陈泽峰经过几年的创业和打拼，于1995年创办福建丰泉环保集团有限公司，做出了投身环保产业的抉择，他决定制造出垃圾焚烧和污水处理设备。此后的几年，陈泽峰反复攻关，不惜耗费巨资，终于攻克垃圾焚烧技术的三大世界性难题，大大降低焚烧成本，实现烟尘无污染排放和热能的充分利用，制造出了垃圾焚烧炉。2001年8月，丰泉垃圾焚烧炉顺利通过国家环境分析测试中心的检测，成为全国第一台二噁英排放通过达标检测的

焚烧炉。其设备在境内外 30 多个城市运营，促进了我国生活垃圾从填埋污染水土到无害化焚烧处理的环保转变，把垃圾烧成渣制成砖块变成肥料，变成能源来利用。他还向宁夏、四川、湖北等省区的偏远地区赠送价值 300 多万元的焚烧炉。

陈泽峰创造出的两项环保科技的拳头产品，"工业废水和中小城镇污水水解拼装成套设备"和"LFW 系列智能型工业垃圾焚烧炉"，获得 13 项国家专利，并被国家发改委列入国家重点环保装备国产化国债项目，获得了 1700 万元国债资金。他的"丰泉环保生态园"能有效实现社会效益与经济效益的统一，不仅能大幅度减少政府和百姓处理垃圾的投入成本，而且对提升与改善环境质量、加大环保科技推广力度、增加社会就业机会也都起到了积极的作用。

先锋事迹

1969 年，陈泽峰出生在福建省安溪县长坑乡玉南村，父母都是普通工人。1987 年，陈泽峰高中毕业后，在农村做了两年手工业。随后的几年里，他走南闯北，在全国各地推销打火机、五金配件等小商品。一两年的奔波让他赚到了人生的第一桶金——5 万元。有了些本钱后，1989 年，陈泽峰在安溪县开了家小型机械厂，生产茶叶揉搓机、茶叶烘干机、香菇脱水机、香菇烘干机等小型设备。在管理工厂的过程中，陈泽峰感到了自己管理知识和能力的欠缺。这时的他，想去圆自己的大学梦，于是他入读了天津大学的经济管理专业，一边读书，一边做生意。1990 年，他与人合作在家乡泉州建设乡村小水电站和小水泥厂。1994 年，25 岁的陈泽峰已经有了近千万元的资金积累。

就在做这些小企业的过程中，陈泽峰深切地感受到了污水、垃圾、废气对家乡青山绿水的破坏。他在走南闯北跑销售的过程中，看到一些城镇垃圾到处堆放，恶臭随风飘散，苍蝇乱飞，白色污染使整个环境显得破败不堪。他想到人们在这样的条件下工作生活，怎么可能心情舒畅呢？这是他决心放弃原来低科技、高污染的行业，而投身到环保产业的原因之一。1995 年底，陈泽峰到了福州，建立丰泉公司，开始转型高科技。在两三年的时间里，他的丰泉公司业务拓展到电子、进出口、医药、广告等多个行业，企业名称叫做"丰泉集团有限公司"。这个时候，陈泽峰又有了新的想法，他觉得环境问题已是全球性问题，环保产业、生物技术产业、信息产业是21世纪的三大朝阳产业。他觉得公司要走得更远就要有主打的产业，于是1998年改名为"丰泉环保集团"，关闭了大批其他产业的子公司。决心已定的陈泽峰，把目光瞄向了最为困难的污水处理和垃圾治理两大难题。研发重点为垃圾焚烧和污水处理。陈泽峰决定利用自己的优势，制造垃圾焚烧和污水处理设备。

将垃圾填埋改为焚烧，是近年来环保的要求和趋势。据测算，垃圾焚烧可使体积减小80%，重量减轻90%～95%，垃圾渣可用作肥料或建材原料。但是，垃圾焚烧绝不像老百姓在路边烧垃圾那么简单，因为垃圾焚烧时能产生剧毒气体二噁英。如果焚烧垃圾气体直接上天，无异于给环境造成二次污染。所以，如何焚烧垃圾是个技术性课题。在国外，较多采用焚烧炉处理垃圾，美国、法国、日本等国家都在20世纪80年代相继建成垃圾焚烧厂。垃圾焚烧还可以用来发电、生产肥料，事实表明，垃圾焚烧这一处理是实现垃圾处理无害化、减量化、资源化的有效途径之一。

小型焚烧炉要做得造价低、运营费用低、排放又能完全达标，是个世界性技术难题，也是环保企业界争论的焦点。对此，丰泉环保集团依靠科技创新，在科研攻关的道路上奋力拼搏。在炉体设计方面，他们采用卧式固定炉膛、水墙结构；在节省助燃剂方面，采用高压风管喷风助燃变频控温新技术，确保炉体温度达到850～950℃；在燃烧技术方面，采用新材料和二次焚烧方法以确保垃圾和烟尘在炉内充分的燃烧时间；在气体排放方面，研制了新型高效水浴处理装置、新型高效文丘里净化装置、二级热交换器和新型袋式除尘器，并在国内率先在小型炉上成功组合了高效纤维活性炭净化装置。针对小型焚烧炉用固定炉床的缺点，他们在炉内左、右和上方设置了几百个喷风嘴，使垃圾在炉内能适当蠕动，确保充分焚烧。在攻克了一道道技术难关之后，又先后研发了日处理1.5吨、3吨、5吨、10吨四个级别的垃圾焚烧炉，形成了以热解炉、炉锅一体化、回转窑炉、往复炉排炉等为龙头的四种新产

品系列，不仅大大降低了垃圾燃烧成本，而且成功解决了燃烧排放的污染，真正利用了燃烧产生的热能。

1999 年 4 月，由陈泽峰的丰泉集团开发的 LFW－125 型工业垃圾焚烧炉通过了省级科技鉴定。这种焚烧炉有两大特点：一是在不添加任何辅助燃料的前提下，创造性地利用"空气湍流"原理，瞬间使各种各样的垃圾充分燃烧；二是焚烧过程中产生的热能可使外层流动隔热水墙的温度达到 80 摄氏度以上，引入澡堂可供洗浴，导入供热管道可以取暖。2001 年，国家环境分析测试中心的 5 位专家来到福州，对丰泉 LFW 型垃圾焚烧炉进行了严格的考核，测试结果表明，排放指标均达到国家标准，其中烟尘测试结果平均值仅为 23 毫克/立方米，属国内领先水平。最重要的是测试表明，该型焚烧炉排放的烟气中二噁英含量低于我国严格的环保标准，即每立方米烟气中二噁英含量不超过 1 纳克（1 纳克等于十亿分之一克），成为我国首台通过二噁英检测的小型垃圾焚烧炉，被视为"环保行业科技创新的重大突破"。

陈泽峰的小型垃圾焚烧炉的"星星之火"，首先是在福州市晋安区西园村点烧的。该村共有 1,000 余户，6,000 多人，日产垃圾 3 吨以上，每年垃圾转运费等就要 10 多万元。后来，该村安装了 1 台 LFW－125 型焚烧炉，处理工业废弃物和生活垃圾，不仅实现了垃圾无害化就地处理，而且节省了转运费，还利用热能转换盖起了环保澡堂，安排了 10 多名农民就业。这个消息不胫而走，各地来参观的人络绎不绝。从惠安石崎到晋江陈埭，从安徽界首到宁夏、江西、湖南、湖北，一个个试点带出一大片市场。在四川德阳，政府还专门发文推广使用丰泉小型垃圾焚烧炉。2001 年，陈泽峰分别向湖北省、安徽省、湖南省、四川省、宁夏回族自治区等一些单位捐赠 LTW－210 型小型垃圾焚烧炉及配套产品，总价值达 600 万元。这些垃圾焚烧炉的投入使用，开创了垃圾"分片就地处理、焚烧综合利用"新理念，有效解决了垃圾围城问题，促进了当地环保事业的发展。

后来，陈泽峰引进了德国技术，与北京环科院合作成功开发了"水解拼装式工业废水中小城镇装置"。该产品代替进口，填补了国内空白，具有占地省、容易拆迁、工期短等特点，比同等规模的传统工艺节省工程投资 30% ～

40%，得到国内外专家的充分肯定，已应用于福建、新疆等地多项污水处理工程，被科技部等五部委认定为"国家重点新产品"，并与"LFW 系列智能型工业垃圾焚烧炉"一起，双双列入国家重点环保装备国产化国债项目，获得中央财政资金 1,700 万元的支持，成为全国第一个荣获两个国债项目的环保企业。

2003 年，陈泽峰将"工业废水和中小城镇污水水解拼装成套设备"在泉州清濛工业区污水处理厂的建设运营作为第一个试点。该厂建设周期 5 个月，一次性正式通过联动试车成功，水质经泉州市环境监测站监测合格。这一工程总造价 800 万元，日处理污水 1 万吨，是全国建设速度最快、造价最低的城镇污水处理厂。在泉州取得成功模式之后，陈泽峰迅速进军全国，而后在福建省泉州、江西、新疆等地同时投建 6 座更大规模的污水处理厂。

2003 年 4 月 28 日，正处于"非典"时期，北京市市政管理委员会紧急通知陈泽峰：在最短的时间内赶制医疗垃圾焚烧炉，尽快发往北京。陈泽峰对此高度重视，在一无合同、二无订金的情况下，他推掉了其他订单，全力组织生产和运输。几天后，陈泽峰生产的医疗垃圾焚烧炉，就在北京市崇文区和房山区安装调试成功，用于焚烧被隔离居民的生活垃圾以及全北京治疗"非典"的医院所产生的医疗垃圾，受到了崇文区和房山区有关部门的高度评价。同年 5 月 7 日，北京市崇文区市政管理委员会将一面写有"和衷共济，共抗非典"的锦旗，送给了福建丰泉环保集团。10 月，陈泽峰的智能型垃圾焚烧炉在第十四届全国发明展览会上荣获金奖。

2004 年，陈泽峰在北京建造了目前中国最大的医疗垃圾处理中心。

陈泽峰的目标是不仅要做国内环保市场的"领头羊"，还要做"世界的清洁工"，在世界范围内做大型化项目、做高精尖技术，将公司打造成世界十大环保品牌之一。

先锋言论

"环保是一项既挣钱，又能积德的公益事业，还能够使自己的心灵得到安慰。"

"做环保，赚了是赚，亏了也是赚。"

"这个社会不缺创业的机会，缺少发现的眼光。如何找到与别人不同的产品或行业，然后深入做下去，形成自己的核心竞争力，非常关键。"

"做环保企业很苦，同行一起开会时都说企业在亏损，有的甚至想转产，我说只要你们能挺住，明天一定会很好。"